全国测绘地理信息类职业教育规划教材

测绘 CAD

主　编　孙树芳
副主编　孔令惠　吴　欢　杨　磊
　　　　赵亚蓓

黄河水利出版社
·郑州·

内 容 提 要

本书以阐述 AutoCAD 2018 的使用方法为主线,详细介绍 AutoCAD 常用命令的功能、调用方法和使用技巧,通过精讲实例加深读者对知识点的理解,结合典型实例提高读者的自学能力。全书共分为 12 个项目:AutoCAD 2018 基础知识,AutoCAD 2018 绘图基础,二维图形的绘制,二维图形的编辑,图层设置,尺寸标注,文字与表格,块、属性与外部参照,地形图的绘制,地籍图与房产图的绘制,道路路线工程图的绘制,图形打印与输出。

本书可作为职业教育测绘及相关专业教材,也可供从事测绘及相关行业工作的工程技术人员参考。

图书在版编目(CIP)数据

测绘 CAD/孙树芳主编.—郑州:黄河水利出版社,
2019.7 (2021.9 重印)
全国测绘地理信息类职业教育规划教材
ISBN 978-7-5509-2360-7

Ⅰ.①测… Ⅱ.①孙… Ⅲ.①测绘学-AutoCAD 软件-职业
教育-教材 Ⅳ.①P2-39

中国版本图书馆 CIP 数据核字(2019)第 091776 号

组稿编辑:陶金志　电话:0371-66025273　E-mail:838739632@qq.com

出　版　社:黄河水利出版社　　　　　　　　　　　网址:www.yrcp.com
　　　　　地址:河南省郑州市顺河路黄委会综合楼 14 层　　邮政编码:450003
发行单位:黄河水利出版社
　　　　　发行部电话:0371-66026940、66020550、66028024、66022620(传真)
　　　　　E-mail:hhslcbs@126.com
承印单位:河南承创印务有限公司
开本:787 mm×1 092 mm　1/16
印张:14
字数:341 千字
版次:2019 年 7 月第 1 版　　　　　　　印次:2021 年 9 月第 2 次印刷

定价:42.00 元

前　言

　　AutoCAD 是由美国 Autodesk 公司开发的计算机辅助设计绘图软件。该软件功能强大、界面友好、易学易用，目前在机械、建筑、测绘、电子、航天、水利、房地产开发、国土资源管理、艺术设计等多领域得到了广泛的应用。从 1982 年 AutoCAD 问世以来，已经经历了 20 多次的升级改版，软件功能逐渐增强。本书介绍的 AutoCAD 2018 是目前最新版本具有强大的功能和实用价值。

　　本书共包含 12 个项目：项目一重点介绍 AutoCAD 2018 基础知识；项目二重点介绍 AutoCAD 2018 的绘图命令；项目三和项目四重点介绍二维图形的绘制与编辑；项目五重点介绍图层的设置与应用；项目六重点介绍尺寸标注的设置与应用；项目七重点介绍文字与表格的设置、输入与编辑；项目八重点介绍块、属性与外部参照的定义与编辑；项目九、项目十和项目十一重点介绍地形图、地籍图、房产图、道路路线工程图等各种测绘工程图的绘制；项目十二重点介绍图形的打印与输出。为了帮助读者尽快掌握 AutoCAD 2018 中文版的使用方法，本书每一项目均配有紧扣项目内容的典型实例和复习思考题，通过典型实例和复习思考题的训练，可以帮助读者更熟练地掌握项目的重点内容。

　　本书具有以下特点：

　　(1) 条例清晰、内容翔实、图文并茂、实用性强。介绍每一个命令时，首先介绍该命令的功能，然后列出调用命令常用方法供读者按自身习惯选择。大部分功能介绍结合实例，并配有插图对绘图过程及效果予以说明。

　　(2) 按照 AutoCAD 工程绘图方法和顺序，从基本绘图设置、简单命令、最常用的操作方法入手，循序渐进地介绍 AutoCAD 2018 绘图环境设置、绘制与编辑简单二维图形后再介绍工程绘图的方法步骤、操作技巧，从易到难，循序渐进。

　　(3) 充分考虑测绘类专业教师授课方式和学生学习习惯，在进行知识点讲解的同时，引入大量的实例，使学生在实践中掌握 AutoCAD 2018 的使用方法和技巧。在举例讲解时，结合测绘专业，重点介绍测绘工程图的绘图基本技术与技巧，最大可能地满足测绘工程绘图需求。

　　本书项目一、项目三由黄河水利职业技术学院孔令惠编写；项目二、项目五、项目十一由河南测绘职业学院孙树芳编写；项目四、项目十由江西环境工程职业学院吴欢编写；项目六、项目九由河南测绘职业学院杨磊编写；项目七、项目八、项目十二由河南测绘职业学院赵亚蓓编写。本书由孙树芳担任主编，由孔令惠、吴欢、杨磊、赵亚蓓担任副主编。

　　由于编者水平有限，书中难免有错误与不足之处，恳请专家及广大读者批评指正。

编　者

2019 年 2 月

目 录

项目一 AutoCAD 2018 基础知识

本项目主要讲解 AutoCAD 软件的主要功能,AutoCAD 2018 的基本知识,如何安装与卸载,如何调用,其操作基础与用户界面情况以及 AutoCAD 2018 图形文件管理的知识。要求了解 AutoCAD 2018 安装时对配置的要求,掌握如何安装、打开与使用,如何调用命令,以及如何退出。理解 AutoCAD 2018 的新功能及图形文件管理的特征。

任务一 AutoCAD 概述

CAD 是 Computer Aided Design 的缩写,意为计算机辅助设计,AutoCAD 软件是利用计算机及其图形设备帮助设计人员进行设计工作的简称,是美国 Autodesk(欧特克)公司出品的,目前是世界上应用最广泛的设计绘图软件之一,使用它可以精确、快速地绘制出各种图形。因此,AutoCAD 软件被广泛应用于机械、建筑、测绘、电子、服装和广告、艺术设计等行业,而其存储的 DWG 格式也已成为业界使用最广泛的设计数据格式之一。

AutoCAD 2018 中文版是 Autodesk 公司全新推出的一款拥有全球最领先技术的平面设计及工程制图软件版本,可用于二维绘图、详细绘制、三维设计软件等。其推出的专业绘图工具可以帮助用户准确地和客户共享设计数据,体验本地 DWG 格式所带来的强大优势,通过它,用户可以让所有参与设计的人员随时了解自己的最新设计决策。另外,AutoCAD 2018 支持演示的图形、渲染工具,强大的绘图和三维打印功能,使设计更加出色。

任务二 AutoCAD 主要功能

AutoCAD 具有绘制二维平面图形与三维图形、渲染图形及输出图形,二维、三维打印,标注图形尺寸、演示绘制好的图形等功能,另外可以进行二次开发。

一、绘制与编辑二维图形功能

AutoCAD 软件最基本的功能在于绘制二维图形。绘制二维图形的工具有直线、圆、椭圆、多边形、样条曲线等绘图工具。对于各种基本图形,只需调用需要的绘图工具即可完成对象的绘制;而对于复杂一些的图形,必须借助编辑修改工具(如复制、修剪、阵列、打断、分解、合并等),才能进行细节的完善。AutoCAD 2018 中文版中"默认"菜单的下方即有"绘图""修改""注释""图层""块"等选项板,其中包含着丰富的工具,使用它们可以绘制直线、构造线、多段线、圆、矩形、多边形、椭圆等组合而成的图形,也可以将绘制的图形转换为面域,对其进行填充。

AutoCAD 提供了正交、对象捕捉、极轴追踪、捕捉追踪等绘图辅助工具,可使用户能够完成精细绘图,不致因选择位置的不准确导致图形位置错误,也可避免绘制的图形不水平、不竖直或角度不准确,对象捕捉可帮助用户拾取几何对象上的特殊点等。

二、三维图形绘制与渲染功能

AutoCAD 的三维图形绘制也称三维建模,它包括三维曲面、实体、网格和线框对象四种方式。三维实体对象的绘制可以从基本图元开始,也可以从拉伸、扫掠、旋转或放样轮廓开始,可以使用布尔运算将它们组合起来;也可以使用诸如 CYLINDER、PYRAMID 和 BOX 等命令来创建多种基本三维形状(称为实体图元)。

AutoCAD 可以运用雾化、光源和材质工具,将绘制好的三维模型渲染为具有真实感的图像。

三、二维及三维输出、打印功能

AutoCAD 的绘图可以通过绘图仪或打印机输出,还能够将不同格式的图形导入 Auto-CAD 或将 AutoCAD 图形以其他格式输出。

在 AutoCAD 绘图时,有模型空间和图纸空间两种形式,一般绘图是在模型空间进行的,图形绘制区域是无限大的二维空间或三维空间,其比例是 1∶1;图纸打印在图纸空间进行,它是一个有限的空间,可以设置图纸大小、比例尺、打印设备、图样布局等。

三维输出打印在经过线框绘制、网格绘制、曲面生成及实体生成之后进行。

四、尺寸标注

在很多工程图中需要标注细节的尺寸,以便施工人员或生产人员看懂图纸进行生产、与设计人员沟通等,因此 AutoCAD 软件的此种功能非常实用。图 1-1 为标注过尺寸的二维图形示例。

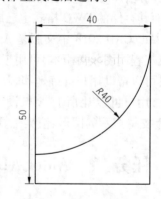

图 1-1   二维图形标注示例图

五、AutoCAD 2018 的新特性

AutoCAD 2018 具有更多的新特性和功能,它能实现更自由地导航工程图,屏幕外对象选择;轻松修复外部参照文件的中断路径,帮助节省时间;线型间隙选择增强功能;将文字和多行文字对象合并为一个多行文字对象;另外具备高分辨率(4K)显示器的支持,更方便绘制大型图形。

■ 任务三   AutoCAD 2018 的安装与卸载

AutoCAD 2018 软件的安装和其他的版本一样,可以启动安装包文件(如果是压缩包,先解压缩,再点开文件夹),根据安装提示选择自己需要安装的内容。软件不再使用时因内存有限可以卸载掉。操作同其他软件的卸载操作一样。

一、AutoCAD 2018 对系统的需求

(一)硬件支持

(1)CPU 类型:32 位系统:1 千兆赫(GHz)或更快,32 位(×86)处理器;64 位系统:1 千兆赫(GHz)或更快,64 位(×64)处理器。

(2)内存:32 位系统,2 GB(建议使用 4 GB);64 位系统,4 GB(建议使用 8 GB)。

(3)硬盘:安装 4 GB。

(4)显示器分辨率:常规显示,1 360×768(1 920×1 080 建议)真彩色;高分辨率和 4K 显示,分辨率达 3 840×2 160。

(5)显卡:Windows 显示适配器 1 360×768 真彩色功能和 DirectX 9。建议使用与 DirectX 11兼容的显卡。

(二)操作系统支持

AutoCAD 2018 可以在各种操作系统上运行,因此其对软件系统的要求是 Windows10、Windows8/8.1、Windows7 等各个 32 位和 64 位及以上的操作系统均可。

二、AutoCAD 2018 的安装

(一)解压缩文件并选择安装

AutoCAD 2018 的安装和前期版本一样,如果安装文件是压缩格式的,首先将安装文件解压缩,解压缩之后一般会自动弹出"开始安装",如果没有自动安装,则打开解压缩之后的文件夹,点击"Setup. exe",进到安装界面选择"安装(在此计算机上安装)",之后选择许可协议中的"我接受",选择安装路径(或输入安装路径),点击"安装"。

(二)选择关联或不选

安装完成后,系统提示"重新启动电脑",可以选择"否",暂时不重启。之后在桌面上点击 AutoCAD 2018 快捷方式,打开软件,提示"是否和 DWG 关联",根据需要选择其中一项,如图 1-2 所示。

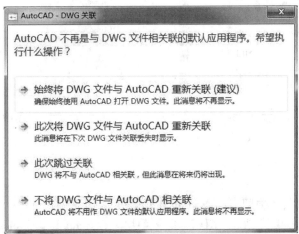

图 1-2　AutoCAD – DWG 关联

（三）根据序列号及验证码激活产品

用户如果在线下购买的安装盘,其文件中有序列号和产品密钥,根据操作提示,输入序列号和密钥,选择"下一步",生成申请码。选择"立即连接并激活!"单选项。根据操作提示进行激活。

如果用户是进行在线升级的客户,则相关序列号和产品密钥可以在升级信息的电子邮箱中找到,之后的操作和上面的操作相同。

三、AutoCAD 2018 的运行与退出

（一）运行方式

运行 AutoCAD 2018 一般有三种方式,即双击桌面的快捷方式、打开一个 DWG 格式的文件及点击"开始"菜单选择"所有程序"→"Autodesk"→"AutoCAD 2018 – 简体中文(Simplified Chinese)",如图 1-3 所示。

（二）退出方式

常用的退出方式是在打开的文件中点击上方标题栏最右侧的 ▨ 按钮,即可关闭 AutoCAD,退出软件;也可点击菜单浏览器右侧的下拉小三角 ◢ ,在弹出的菜单项中选择"退出 Autodesk AutoCAD 2018",如图 1-4 所示。

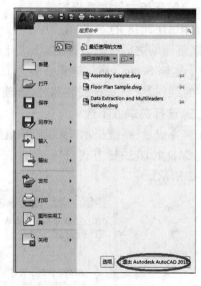

图 1-3　开始菜单打开　　　　　　　　　图 1-4　菜单浏览器退出

四、AutoCAD 2018 的卸载

一般在电脑的控制面板中可将软件卸载或删除,点击电脑的"开始"→"控制面板"→"程序和功能",在其中找到"AutoCAD 2018 – 简体中文(Simplified Chinese)",双击该选项即可开始卸载,如图 1-5 所示。

图 1-5　卸载操作

任务四　AutoCAD 2018 操作基础

一、AutoCAD 2018 的用户界面

AutoCAD 2018 打开后的窗口如图 1-6 所示,最上边一栏是标题栏,最左侧是快速访问工具栏,下边是状态栏,中间是绘图区,二维绘图一般在中间的空白绘图区域进行。绘图区和工具栏之间是命令行。打开用户界面,系统默认选择"默认"菜单,常用的选项如"绘图""修改""注释""块""特性"等均在此菜单下。

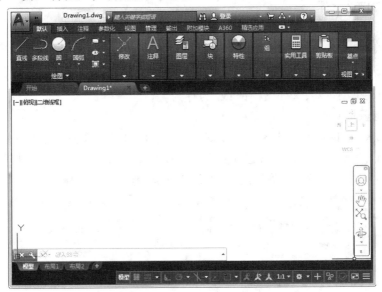

图 1-6　AutoCAD 用户界面

二、AutoCAD 2018 图形文件管理

(一)新建图形文件
新建图形文件的三种方式如下:

（1）命令行输入"new"（或简写命令"n"），按 Enter 键；

（2）点击快速访问工具栏；

（3）点击菜单浏览器，选择"新建"。

快速访问工具栏和菜单浏览器选择"新建"分别如图 1-7 和图 1-8 所示。

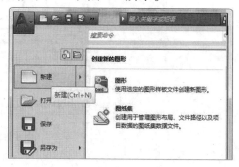

图 1-7　快速访问工具栏　　　　　　　图 1-8　菜单浏览器选择"新建"

（二）打开已有图形文件

打开已有图形文件的三种方式如下：

（1）命令行输入"open"（或"o"），按 Enter 键；

（2）点击快速访问工具栏；

（3）点击菜单浏览器，选择"打开"。

（三）保存图形文件

保存图形文件的三种方式如下：

（1）命令行输入"save"（或"s"）或"qsave"，按 Enter 键；

（2）快速访问工具栏或；

（3）点击菜单浏览器，选择"保存"或"另存为"。

（四）加密图形文件

在绘图过程中如果中断，出于文件保密性的考虑可以对文件进行加密，加密操作是在图形保存对话框中点击"工具（L）"，选择其中的"选项（O）..."（见图 1-9），打开之后输入密码或短语，选择确定。注意：未注册的试用版没有此功能。

图 1-9　加密保存选项

■ 小　结

本项目重点介绍了 AutoCAD 2018 的安装、打开、使用及退出，以及 AutoCAD 2018 的新功能及图形文件管理的特征。

典型实例

1. 安装 AutoCAD 2018 文件到自己电脑上。

2. 打开 AutoCAD 2018 文件，熟悉工作界面。

复习思考题

1. 新建一个文件，保存为自己名字的 CAD 文件。

2. 绘制图 1-1，并点击"注释"完成标注。

3. 将绘制好的 DWG 格式文件保存并加密。

项目二　AutoCAD 2018 绘图基础

本项目主要讲解 AutoCAD 2018 绘图命令的调用方式、CAD 坐标系统、绘图基本设置以及绘图辅助工具等基础知识。通过本项目的学习,掌握命令的调用,理解世界坐标系与用户坐标系,熟悉绘图环境,掌握图形界限、单位的设置,掌握对象捕捉、极轴、自动追踪等绘图辅助工具。

任务一　绘图命令

AutoCAD 的功能大多是通过执行相应的命令来完成的。命令的调用有多种,用户可用自身习惯的方法来使用。

一、命令的调用方式

(一)通过菜单栏执行命令

选择某一个菜单命令,即可执行相应的 AutoCAD 命令。

(二)通过功能区执行命令

点击功能区的某一个功能按钮,即可执行相应的 AutoCAD 命令。

(三)通过键盘输入执行命令

通过键盘输入调用命令的方法,就是在绘图窗口底部的命令行提示后面直接输入命令的全称或简称,输入的字母不分大小写,然后按 Enter 键或空格键,即可启动该命令。启动命令后,接着在命令行中往往又会出现多个子命令选项,只需输入选项对应的代表字母即可选择该选项。

AutoCAD 2018 中提供的很多常用命令都有缩写形式,缩写的命令名称为命令别名,可以在"acad. pgp"文件中定义。常用 CAD 命令及缩写可参照附录 1。熟练掌握命令或命令缩写可以大大提高绘图速度。

二、命令的重复、终止与撤销

(一)命令的重复

当某一命令执行完成后,如果需要重复执行该命令,除使用菜单栏、工具栏、命令行三种执行方法外,还可以用更快捷的方式重复命令的执行。

(1)直接按 Space 键或 Enter 键。

(2)将光标移动至绘图区,点右键,在弹出的快捷菜单中选择第一行"重复..."(...表示上一步的命令)。

(二)终止命令的执行

在命令执行过程中,若要终止该命令,可以按 Esc 键取消,或点右键在弹出的对话框中选择"取消"。

(三)撤销命令

绘图过程中若发现错误,要撤销上一步的操作可用以下几种方式:

(1)命令行输入"Undo"命令(或者该命令的缩写"U"),可撤销上一步的操作(可重复执行该命令撤销多个操作)。

(2)按工具栏中的放弃按钮 。

(3)使用快捷键组合"Ctrl + Z"。

任务二   AutoCAD 坐标系统

一、世界坐标系与用户坐标系

(一)世界坐标系

AutoCAD 系统为用户提供了一个绝对坐标系,即世界坐标系(WCS),它由 3 个相互垂直又相交的坐标轴 X、Y、Z 组成,坐标原点在绘图区域的左下角,X 轴指向右,Y 轴指向上,Z 轴指向用户。AutoCAD 绘制新图形时默认使用 WCS,WCS 不可更改,但可以从任意角度、任意方向来观察或旋转,如图 2-1 所示。

(二)用户坐标系

如有需要,用户也可自定义坐标系,称为用户坐标系(UCS)。UCS 中的原点、X 轴、Y 轴、Z 轴方向都可以移动和旋转,甚至依赖于图形中的某一个对象,以方便图形的绘制。

图 2-1　世界坐标系图标

1. 创建用户坐标系

创建用户坐标系命令调用方法如下:

(1)命令行输入"UCS",按 Enter 键,按命令行提示指定新坐标系的坐标原点,指定 X 轴方向,指定 Y 轴方向。

(2)单击菜单"工具"→"新建 UCS(W)"命令。在弹出的命令子菜单中选择相应的子命令即可创建用户坐标系,如图 2-2 所示。

图 2-2"新建 UCS(W)"命令中子菜单的含义介绍如下:

"世界(W)":从当前的用户坐标系恢复到世界坐标系。

"上一个":从当前的坐标系统恢复到上一个坐标系统。

"面(F)":将 UCS 与实体对象的选定面对齐。要选择一个面,可单击该面的边界内或面的边界,被选中的面将亮显,UCS 的 X 轴将与找到的第一个面上的最近的边对齐。

"对象(O)":根据选取的对象快速、简单地建立 UCS,使对象位于新的 XY 平面,其中 X 轴和 Y 轴的方向取决于选择的对象类型。该选项不能用于三维实体、三维多段线、视口、多线、面域、椭圆、射线和多行文字等对象。对于非三维面的对象,新 UCS 的 XY 平面与绘制该对象时生效的 XY 平面平行,但 X 轴和 Y 轴可做不同的旋转。

"视图(V)":以垂直于观察方向(平行于屏幕)的平面为 XY 平面,建立新的坐标系,

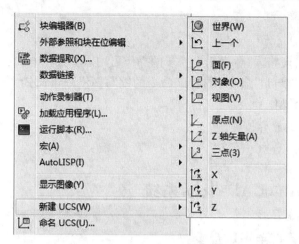

图 2-2   "新建 UCS(W)"子菜单

UCS 原点保持不变。常用于注释当前视图时使文字以平面方式显示。

"原点(N)"：通过移动当前 UCS 的原点，保持其 X 轴、Y 轴和 Z 轴方向不变，从而定义新的 UCS。可以在任何高度建立坐标系，如果没有给原点指定 Z 轴坐标值，将使用当前标高。

"Z 轴矢量(A)"：用特定的 Z 轴正半轴定义 UCS。需要选择两点，第一点作为新的坐标系原点，第二点决定 Z 轴的正向，XY 平面垂直于新的 Z 轴。

"三点(3)"：通过在三维空间的任意位置指定 3 点，确定新 UCS 原点及其 X 轴和 Y 轴的正方向，Z 轴由右手定则确定。其中第一点定义了坐标系原点，第二点定义了 X 轴的正方向，第三点定义了 Y 轴的正方向。

"$X/Y/Z$ 命令"：旋转当前的 UCS 轴来建立新的 UCS。在命令提示信息中输入正的或负的角度以旋转 UCS，用右手定则来确定绕该轴旋转的正方向。

2. 命名用户坐标系

(1)命令行输入"UCSMAN"，按 Enter 键；

(2)单击菜单"工具"→"命名 UCS"。

弹出"UCS"对话框中"命名 UCS"选项卡，如图 2-3 所示，单击"置为当前(C)"按钮，可将新建的用户坐标系置为当前坐标系。

在新建的用户坐标系上单击鼠标右键，在弹出的快捷菜单中选择"重命名"选项，即可对用户坐标系进行重命名。

3. 使用正交 UCS

在图 2-3"UCS"对话框中，切换至"正交 UCS"选项卡，在"当前 UCS"列表中可以选择需要使用的正交坐标系，如俯视、仰视、前视、后视、左视和右视等，如图 2-4 所示。

说明："相对于"下拉列表框用于指定定义正交 UCS 的基准坐标系。

4. 设置 UCS

使用"UCS"对话框中"设置"选项卡可以进行 UCS 图标设置和 UCS 设置，如图 2-5 所示。

在 AutoCAD 2018 中创建的用户坐标系具有较大的灵活性。用户坐标系的图标和世界坐标系图标相类似，只是在两轴交会处没有"□"标记。如图 2-6 所示的坐标系图标就是一

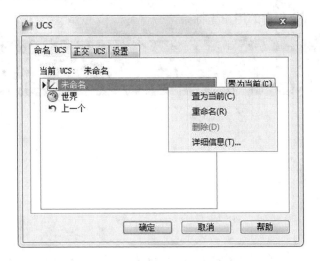

图 2-3　"UCS"对话框中"命名 UCS"选项卡

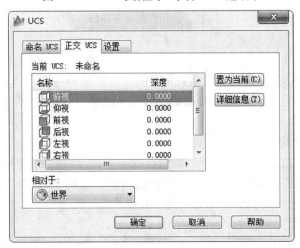

图 2-4　"UCS"对话框中"正交 UCS"选项卡

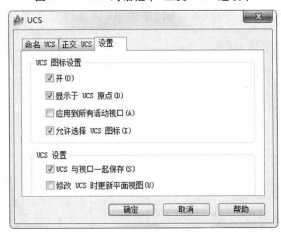

图 2-5　"UCS"对话框中"设置"选项卡

种坐标原点和坐标轴变化后的用户坐标系。

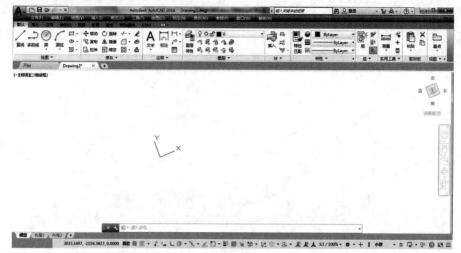

图2-6　用户坐标系图标

二、坐标的输入

在 AutoCAD 绘图时,经常需要指定点的位置。点的坐标可以用直角坐标、极坐标表示,每一种坐标又分别有绝对坐标和相对坐标两种输入方法。下面介绍 AutoCAD 常用的几种坐标输入方法。

(一)绝对直角坐标

绝对直角坐标是指相对于当前坐标系原点的坐标,当绘制二维图形时用(X,Y)来表示,输入时坐标值之间用逗号隔开。例如,命令行提示输入点的坐标时,输入"15,20",即表示该点相对于坐标原点 X 坐标为 15,Y 坐标为 20,如图 2-7 所示。

(二)绝对极坐标

绝对极坐标是指 XOY 平面上某点相对于坐标原点的距离以及该点与坐标原点的连线与 X 轴正方向的夹角,坐标形式为(距离 < 角度)。例如,命令行提示输入点的坐标时,输入"30 < 60",即表示该点与坐标原点的连线长度为 30,该连线与 X 轴正方向的夹角为 60°,如图 2-8 所示。

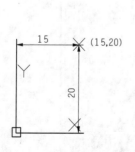

图 2-7　绝对直角坐标

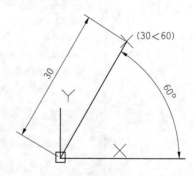

图 2-8　绝对极坐标

（三）相对直角坐标

相对直角坐标是指某点相对于前一点的直角坐标,即该点相对于前一点沿 X 轴和 Y 轴的坐标差,坐标形式为 $(@\Delta X,\Delta Y)$。例如,已知前一点 A 的直角坐标是 $(15,20)$,命令行提示输入 B 点的坐标时输入"@$10,15$",表示 $X_B-X_A=10$,$Y_B-Y_A=15$,相当于 B 点的绝对坐标为 $(25,35)$,如图 2-9 所示。

（四）相对极坐标

相对极坐标是指某点与前一点之间连线的距离,以及前一点至该点的连线方向与 X 轴正方向之间的夹角,坐标形式为 $(@距离<角度)$。例如,已知前一点 A 的直角坐标是 $(15,20)$,命令行提示输入 B 点的坐标时输入"@$20<60$",表示 B 点至 A 点的距离是 20,AB 方向与 X 轴正方向的夹角为 $60°$,如图 2-10 所示。

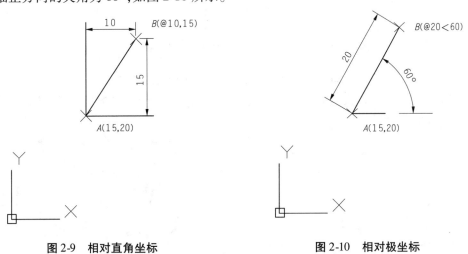

图 2-9　相对直角坐标　　　　　　　　图 2-10　相对极坐标

（五）动态输入

在绘制图形时,使用动态输入功能可以在指针位置显示标注输入和命令提示,同时可以显示输入信息,绘图时可以根据显示的提示信息直接输入数据,这样可以极大地方便绘图。

1. 命令调用常用方法

（1）命令行输入"DSETTINGS",按 Enter 键;

（2）单击菜单"工具"→"绘图设置"→"动态输入";

（3）状态栏:　（左键打开和关闭动态输入功能,右键动态输入设置）;

（4）快捷键:F12(仅限打开和关闭)。

2. 设置动态输入选项

通过上述执行方式打开"草图设置"对话框的"动态输入"选项卡,可以设置"动态输入"选项,包括指针输入、标注输入和动态提示,如图 2-11 所示。

"动态输入"选项卡中的部分功能设置如下:

（1）"启用指针输入(P)"复选框:选中该复选框,将启用动态指针显示功能;在绘图区域移动光标时,光标附近的工具栏提示显示坐标如图 2-12 所示,可以在提示框中输入坐标值,并用"Tab"键在几个提示框中切换。若单击"指针输入"栏中的"设置(S)..."按钮,将弹出"指针输入设置"对话框,从中可设置显示信息的格式和可见性,如图 2-13 所示。注意:

图 2-11   "草图设置"对话框中"动态输入"选项卡

动态输入功能开启后,输入点时,第一个坐标为绝对坐标,后面的点都是相对坐标,若想输入绝对坐标,应在其值前加"#"。

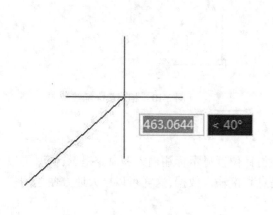

图 2-12   动态指针输入

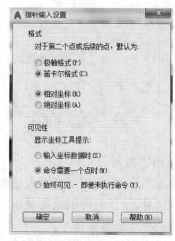

注:图中"笛卡尔"应为"笛卡儿"。

图 2-13   "指针输入设置"对话框

(2)"可能时启用标注输入(D)"复选框:选中该复选框,将启用输入标注数值显示功能。当命令提示输入下一点时,提示框中的距离和角度将随着光标的移动而改变,如图 2-14 所示,用户可以在提示框中输入距离和角度值,并可用"Tab"键在它们之间切换。若单击"标注输入"栏中的"设置(E)..."按钮,将弹出"标注输入的设置"对话框,从中可设置显示标注输入的字段数和内容,如图 2-15 所示。

(3)"动态提示"区域:启动动态提示,在光标附近会显示命令提示,可以用键盘上的上下箭头选择其他选项。

(4)"绘图工具提示外观(A)..."按钮:单击该按钮,在弹出的"工具提示外观"对话框中可以设置工具栏提示的外观,如工具栏提示的颜色、大小等。

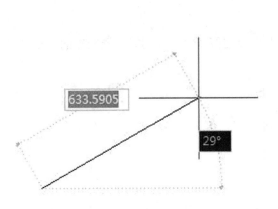

图 2-14　动态标注输入

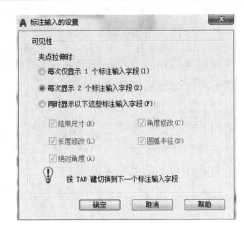

图 2-15　"标注输入的设置"对话框

任务三　绘图基本设置

一、视图操作

(一)视图平移

视图平移是指在不改变图形显示比例的情况下,通过移动图形来观察当前视窗中的对象。在绘制较大的图形时,常常需要对视窗以外的图形进行查看和绘制,此时可通过平移视图来实现。视图平移的命令调用方法如下:

(1)命令行输入"PAN"(或缩写"P"),按 Enter 键;

(2)单击菜单中"视图"→"平移"→"实时"命令;

(3)单击"导航"面板中的"平移"按钮;

(4)按下鼠标滚轮(是最方便常用的一种方法)。

AutoCAD 通过以上方式执行"平移"命令以后,鼠标变成小手状,利用鼠标拖动的方法可以很方便地进行视图平移。若要退出"平移"命令,根据命令行提示按 Esc 键或 Enter 键,或鼠标右键"退出"。

(二)视图缩放

AutoCAD 绘图时常用转动鼠标滚轮以放大或缩小视图,但有时该方法不能达到具体的缩放目的,就需要用视图缩放命令进行操作。

(1)命令行输入"ZOOM"(或缩写"Z"),按 Enter 键。

命令行提示:指定窗口的角点,输入比例因子(nX 或 nXP),或者[全部(A)/中心(C)/动态(D)/范围(E)/上一个(P)/比例(S)/窗口(W)/对象(O)]<实时>:

根据命令行提示,输入对应的命令即可。常用输入比例因子,使原图显示大小缩放的倍数与输入的比例因子相同;全部(A),在绘图区域内让所有绘制的图形都显示出来。

(2)单击菜单"视图"→"缩放",在弹出的菜单中选取相应的命令,功能与(1)相同。

(3)双击鼠标中键,显示整个图形。

注意:视图缩放命令仅仅改变图形的显示大小,并不改变其实际尺寸。

二、设置图形界限

图形界限指的就是绘图的范围,设置图形界限类似于手工绘图时选择图纸的大小。设置图形界限命令的调用方法如下:

(1)命令行输入"LIMITS",按 Enter 键;

(2)单击菜单"格式"→"图形界限"命令。

执行上述命令后输入"ON"按 Enter 键(确认图形界限打开),接着再按 Enter 键,指定左下角点和右上角点坐标即可。

三、设置绘图单位

设置绘图单位,包括设置绘图长度单位和角度单位以及它们的精度。设置绘图单位命令的调用方法如下:

(1)命令行输入"UNITS",按 Enter 键;

(2)单击菜单中"格式"→"单位"。

AutoCAD 通过以上方式执行设置单位命令以后,弹出"图形单位"对话框,如图 2-16 所示。在该对话框中,设置长度类型、精度,角度类型、精度,插入时的缩放单位和光源强度的单位等。

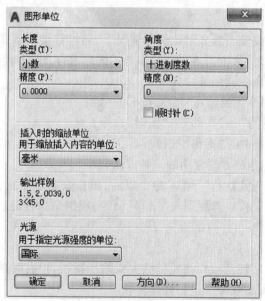

图 2-16 "图形单位"对话框

注意:AutoCAD 默认的正角度方向是逆时针方向,若需要设置其为顺时针方向,选中"顺时针"复选框即可。

四、设置绘图环境

设置绘图环境的命令调用方法如下:

(1)命令行输入"OPTIONS",按 Enter 键;

（2）单击菜单"工具"→"选项"命令；

（3）将鼠标放置在绘图区域，点右键，在弹出的菜单栏中选择"选项"。

AutoCAD 执行上述命令后，将弹出如图 2-17 所示的对话框，在该对话框中进行绘图环境设置。

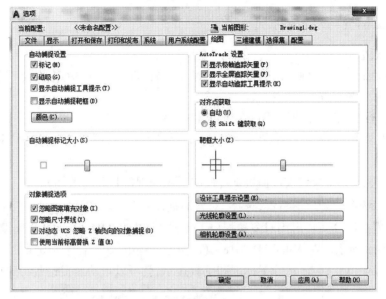

图 2-17 "选项"对话框

"选项"对话框中设置的内容很多，这里简要介绍常用的几项功能：

（1）"文件"选项卡，指定 AutoCAD 2018 搜索支持文件、驱动程序、菜单文件和其他文件路径等。

（2）"显示"选项卡，指定 AutoCAD 2018 绘图区域背景颜色、十字光标大小等显示特性。

（3）"打开和保存"选项卡，指定 AutoCAD 2018 保存文件格式、自动保存时间间隔等。

（4）"选择集"选项卡，指定拾取框大小、选择集模式、夹点的大小等。

（5）"配置"选项卡，用于选择系统配置、重命名系统配置、删除系统配置和重置当前系统配置等。

五、模型空间与布局空间

在 AutoCAD 2018 的绘图窗口的左下角有"模型""布局 1""布局 2"等三个页面选项，在这些选项上右击鼠标，可以在快捷菜单里新建布局、删除布局或重新给布局命名。所谓布局，其实就是图纸。

一般情况下，模型空间是 AutoCAD 2018 中文版图形处理的主要环境，带有三维的可用坐标系，能创建和编辑二维、三维的对象，与绘图输出不直接相关。布局空间是 AutoCAD 2018 中文版图形处理的辅助环境，带有二维的可用坐标系，能创建和编辑二维的对象，虽然也能创建三维对象，但不能执行三维显示功能。一般在"模型"选项卡中进行绘图设计工作，在"布局"选项卡中创建最终的打印布局。

任务四　绘图辅助工具

在绘图过程中,用户为了更好地操作和精确绘图,必须掌握一些辅助工具的使用。

一、对象捕捉与对象捕捉追踪

(一)对象捕捉

对象捕捉能迅速、准确地指定对象上的精确位置,例如端点、中点、交点、圆心等。常用的对象捕捉命令调用方法如下:

(1)命令行输入"DDOSNAP",按 Enter 键;

(2)单击菜单"工具"→"绘图设置"命令,打开"草图设置"对话框,选择"对象捕捉"选项卡;

(3)单击状态栏 □ ,或按快捷键 F3(仅限对象捕捉的打开与关闭);

(4)在状态栏 □ 处单击右键,选择"对象捕捉设置"。

执行上述操作,选中"启用对象捕捉(F3)(O)"复选框,然后用此对话框设置对象捕捉模式,如图 2-18 所示。在 AutoCAD 2018 执行命令过程中,命令提示指定点时,光标移动到对象的对象捕捉位置,会显示捕捉标记和工具提示,就可以自动捕捉这些特殊点。

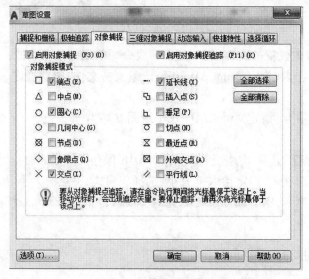

图 2-18　"草图设置"对话框中"对象捕捉"选项卡

提示:AutoCAD 2018 还可以采用覆盖捕捉模式,即在命令运行期间选择的捕捉模式,这种捕捉模式只对当前命令操作有效,一次只能指定一种捕捉模式,且只能执行一次。绘图时,命令行提示指定点时,按下 Ctrl 键后在绘图区点右键,或者在命令行输入对象捕捉命令,然后光标移动到对象的对象捕捉位置,会显示相应的捕捉标记和工具提示,拾取该点即可。

(二)对象捕捉追踪

对象捕捉追踪是以捕捉到的特殊位置点为基点,按指定的极轴角或极轴角的倍数对齐

要指定点的路径,是基于对象捕捉点的追踪。常用的对象捕捉追踪命令调用方法如下:

(1)命令行输入"DDOSNAP",按 Enter 键;

(2)单击菜单"工具"→"绘图设置"命令,打开"草图设置"对话框,选择"对象捕捉"选项卡;

(3)单击状态栏 ∠ ,或按快捷键 F11(仅限对象捕捉追踪的打开与关闭);

(4)在状态栏 ∠ 处单击右键,选择"对象捕捉追踪设置"。

执行上述操作,在"草图设置"对话框中选中"启用对象捕捉追踪(F11)(K)"复选框即可,如图 2-18 所示。

二、正交与极轴追踪

(一)正交

AutoCAD 绘图时,经常需要绘制水平线与垂直线,AutoCAD 为用户提供了正交功能。常用的正交命令调用方法如下:

(1)命令行输入"ORTHO",按 Enter 键,输入模式［开(ON)/关(OFF)］ ＜开＞(设置开或关);

(2)单击状态栏 ⌐ ,或按快捷键 F8。

启用正交模式后,画线或移动对象时只能沿水平方向或垂直方向移动光标,因此只能画平行于坐标轴的正交线段。

(二)极轴追踪

极轴追踪是指当需要指定一个点时,按预先设置的角度增量显示一条无限长的辅助线,沿这条辅助线追踪到所需的特征点。常用的极轴追踪命令调用方法如下:

(1)命令行输入"DSETTINGS",按 Enter 键,打开"草图设置"对话框,选择"极轴追踪"选项卡;

(2)单击菜单"工具"→"绘图设置"命令,打开"草图设置"对话框,选择"极轴追踪"选项卡;

(3)单击状态栏 ⟳ ,或按快捷键 F10(仅限对象捕捉追踪的打开与关闭);

(4)在状态栏 ⟳ 处单击右键,选择"正在追踪设置"。

执行上述操作,选中"启用极轴追踪"复选框,然后用此对话框设置极轴追踪模式,如图 2-19 所示。

在极轴追踪模式下确定目标点时,系统会在光标接近指定的角度方向上显示临时对齐路径,并自动在对齐路径上捕捉距离光标最近的点,同时给出该点的信息提示,便于准确定位目标点,如图 2-20 所示。

注意:正交与极轴追踪不能同时打开,打开正交则极轴追踪自动关闭,同样打开极轴追踪则正交自动关闭。

"极轴追踪"选项卡选项说明如下:

(1)"极轴角设置"选项区。"增量角(I)"设置极轴追踪对齐路径的极轴角增量。可以从列表中选择角度,也可以输入任意角度。在列表框中选择或输入增量角后,系统将在与增量角及其整倍数角度方向上指定点的位置。

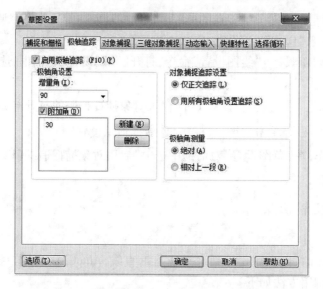

图 2-19　"草图设置"对话框中"极轴追踪"选项卡

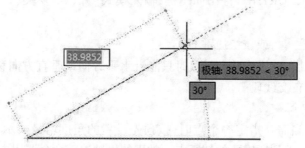

图 2-20　极轴追踪功能

（2）"附加角（D）"除了增量角，用户还可以定义附加角指定追踪方向。附加角可以新建，可以删除，最多可以添加 10 个附加角。

（3）"对象捕捉追踪设置"选项区。"仅正交追踪（L）"当对象捕捉追踪打开时，只显示通过基点的水平方向和垂直方向上的追踪路径。"用所有极轴角设置追踪（S）"使用对象捕捉追踪时，光标将从对象捕捉点开始沿极轴对齐角度进行追踪。

（4）"极轴角测量"选项区。"绝对（A）"根据当前用户坐标系（UCS）确定极轴追踪角度（与 X 轴正向的夹角）。"相对上一段（R）"根据上一个绘制线段确定极轴角度。

三、捕捉和栅格

栅格是在绘图区域显示可见的网格，栅格不是图形的一部分，不会输出，其作用如同传统的坐标纸，可以用作定位基准。捕捉与对象捕捉不同，对象捕捉主要是针对对象，而捕捉主要是针对栅格，用于设置栅格的间隔。绘图时栅格捕捉光标，约束它只能落在栅格的某一个节点上，使用户能够高精度地捕捉和选择栅格上的点。捕捉和栅格的调用方法有：

（1）命令行输入"DSETTINGS"，按 Enter 键，打开"草图设置"对话框，选择"捕捉和栅格"选项卡。

（2）单击菜单"工具"→"绘图设置"命令，打开"草图设置"对话框，选择"捕捉和栅格"

选项卡。

（3）单击状态栏 ▦，或按快捷键 F7（仅限栅格的打开与关闭）；单击状态栏 ▦，或按快捷键 F9（仅限捕捉的打开与关闭）。

（4）在状态栏 ▦ 处单击右键，选择"网格设置"，或在状态栏 ▦ 处单击右键，选择"捕捉设置"。

执行上述操作打开"草图设置"对话框中的"捕捉和栅格"选项卡，如图 2-21 所示。

图 2-21 "草图设置"对话框中"捕捉和栅格"选项卡

四、参数化约束

AutoCAD 参数化画图，是指给图形增加几何关系约束条件或尺寸约束条件。绘图时，若仅已知图形条件要求，未知图形的具体位置或形状大小，可在任意位置上按条件要求绘制任意尺寸图形，然后通过约束获得符合所有要求的图形。参数化约束能够通过一个对象去约束其他的对象，从而大大节约了绘图的工作量。

（一）约束的添加

AutoCAD 2018 中的约束分为自动约束、几何约束和标注约束，这些约束的命令在菜单栏"参数（P）"下的"自动约束（C）""几何约束（G）""标注约束（D）"中，如图 2-22、图 2-23 所示。

其中，自动约束是对图形进行最初约束，避免后面进行约束时出现线段之间的脱离；几何约束是对象彼此之间的关系，比如相切、平行、垂直、共线等；标注约束是对象的具体尺寸，比如距离、长度、半径等。一般情况下，先使用自动约束确定对象的连接关系，再使用几何约束确定图形的形状，最后使用标注约束确定图形的尺寸。

图 2-22　几何约束

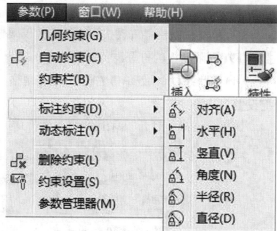

图 2-23　标注约束

（二）约束的编辑和优化

1. 约束的显示与隐藏

对象添加约束后，会在图形旁边显示约束图标，如图 2-24 所示，两根直线旁各出现"平行"的约束图标。约束图标既可以显示也可以隐藏，图 2-22 和图 2-23 中的"约束栏"可以设置几何约束的显示和隐藏，"动态标注"可以设置尺寸约束的显示和隐藏。

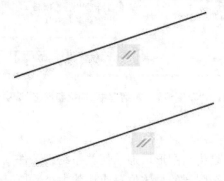

图 2-24　约束的显示

2. 约束的删除

不要的约束可以选中按"Delete"键删除，也可以单击图 2-22 和图 2-23 中的"删除约束（L）"，然后框选要删除的约束。

3. 参数管理器

参数管理器能准确地表达各个尺寸之间、各个元素之间的约束关系，在所绘制的图形中保持这个约束关系，从而达到参数传递。"参数管理器"界面如图 2-25 所示。

参数约束时，先对对象标注约束，约束后可在"参数管理器"界面设置参数之间的关系。如图 2-25 表示标注为"d4"线段长度等于"d1、d2、d3"的平均值再加 10。

注意：图 2-25 输入参数之间的表达式时不需要输入"d4 ="，直接输入表达式。

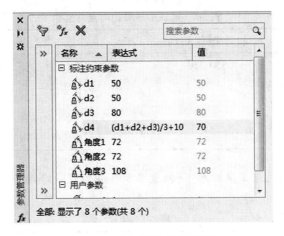

图 2-25 "参数管理器"界面

小 结

本项目主要介绍命令的调用方式,AutoCAD 世界坐标系与用户坐标系,图形界限的设置,绘图单位的设置,对象捕捉、极轴以及自动追踪等辅助工具。通过本项目的学习,要熟悉 AutoCAD 2018 绘图环境,能根据需要建立用户坐标系,能根据绘图要求进行绘图基本设置,熟练应用对象捕捉、极轴追踪等辅助工具,从而为图形的绘制和编辑打下坚实的基础。

典型实例

1. 某施工平面坐标系,坐标原点(3 694.675,6 940.887),CAD 世界坐标系纵轴正向逆时针旋转至施工坐标系纵轴正向的夹角为 25°36′52″,在该坐标系下,一栋建筑物的角点设计坐标如表 2-1 所示,请建立 UCS 坐标系,将该 UCS 坐标系命名为"施工坐标系",并用直线命令按点号顺序绘制出建筑物图形。绘制完成后,查询这些点的绝对直角坐标,填写至表 2-2。

表 2-1 建筑物角点设计坐标

点号	设计坐标(X,Y)	点号	设计坐标(X,Y)
1	350,350	5	@0,−120
2	@180,0	6	@180,0
3	@0,120	7	@0,235
4	@260,0	8	@−620,0

表 2-2　建筑物角点绝对直角坐标

点号	设计坐标(X,Y)	点号	设计坐标(X,Y)
1	350,350	5	
2		6	
3		7	
4		8	

2. 在第 1 题设置的施工坐标系下,按表 2-3 用多段线命令按点号顺序绘制,观察绘图成果是什么图形。

表 2-3　坐标

点号	坐标	点号	坐标
1	100,150	4	@100<288
2	@100<0	5	@100<72
3	@100<144	6	100,150

3. 为第 1 题和第 2 题的图形文件设置图形界限,左下角点坐标(100.000,100.000),右上角点坐标(1 000.000,1 000.000)。

4. 新建图形文件,命名为"参数绘图.DWG"保存。绘制如图 2-26 所示的图形,等边三角形,里面 3 个直径相同的圆,与圆弧对应圆心角是 72°,它们之间都是相切关系。尺寸如图 2-26 所示,求圆的直径。

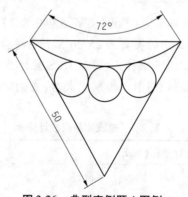

图 2-26　典型实例题 4 图例

操作步骤提示:

(1)画任意形状三角形(见图 2-27)。

(2)过一条线段两端点画任意圆弧(见图 2-28)。

(3)画任意三个圆(见图 2-29)。

(4)连接圆弧起点至圆心,端点至圆心画 2 条辅助线(打开"圆心"对象捕捉)(见图 2-30)。

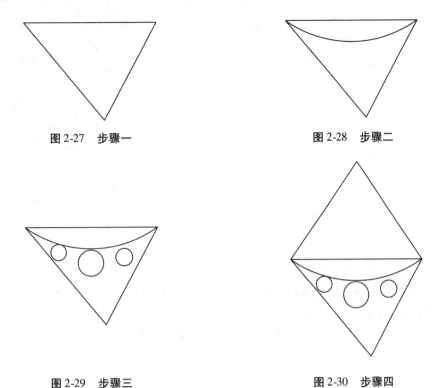

图 2-27　步骤一　　　　　　　　　　　图 2-28　步骤二

图 2-29　步骤三　　　　　　　　　　　图 2-30　步骤四

（5）自动约束。菜单栏调用"参数"→"自动约束"，除三个圆外，全部选中（见图 2-31）（"自动约束"是避免后面进行约束时出现线段之间脱离）。自动约束后，对象的端点处会出现蓝色约束符号。

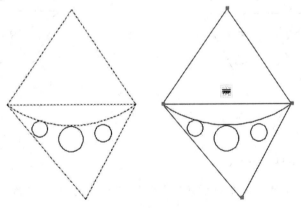

图 2-31　步骤五

（6）设定一个参考点。菜单栏调用"参数"→"几何约束"→"固定"，在直线上设一个点作为固定点（见图 2-32）。（固定点的作用是在后面的几何约束或尺寸约束时，该点位置不变）

（7）约束相等关系。菜单栏调用"参数"→"几何约束"→"相等"，重复执行该命令，分别使三角形三条边相等、三个圆相等（见图 2-33）。

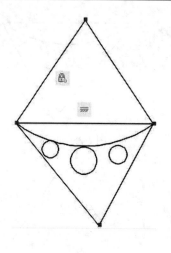
图 2-32　步骤六

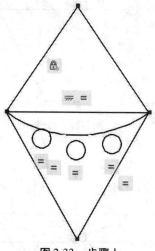
图 2-33　步骤七

（8）约束相切关系。菜单栏调用"参数"→"几何约束"→"相切"，重复执行该命令，分别选择相切关系的对象（见图 2-34）。

（9）约束标注长度。菜单栏调用"参数"→"标注约束"→"对齐"，选择一条边的两端点（见图 2-35）。

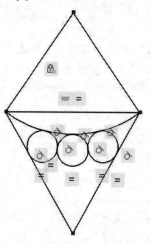
图 2-34　步骤八

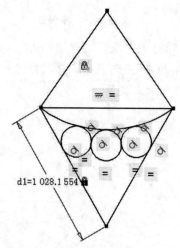
图 2-35　步骤九

（10）约束标注角度。菜单栏调用"参数"→"标注约束"→"角度"，选择两条辅助线（见图 2-36）。

（11）修改标注尺寸。菜单栏调用"参数"→"参数管理器"，将参数管理器中"d1"和"角度1"的"表达式"分别修改成"50"和"72"（见图 2-37）。

（12）量取圆的直径（见图 2-38）。（为了方便查看，可将几何约束全部隐藏）

■ 复习思考题

1.命令的调用方式有几种？

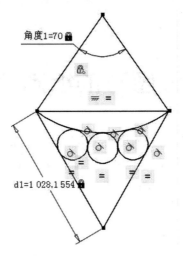

图 2-36　步骤十

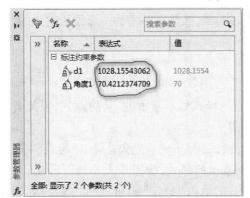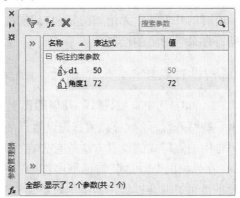

图 2-37　步骤十一

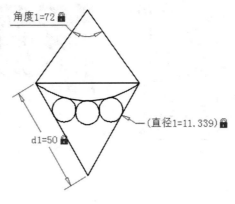

图 2-38　步骤十二

2. 什么是相对直角坐标，它和绝对直角坐标的区别是什么？

3. 极坐标有几种？它们的表达方式分别是什么？

4. 极轴追踪和对象捕捉追踪有什么区别？能否同时使用？

5. 对象捕捉可以捕捉到哪些特殊点？

项目三　二维图形的绘制

本项目主要讲解点、直线段、几何图形、曲线、特殊线的绘制方法,以及图案填充的方法。通过本项目的学习,学生要掌握单点、多点、直线、构造线、多线、多段线、矩形、正多边形、圆、圆弧、椭圆与椭圆弧等常用绘图命令的使用方法,掌握图案填充的方法,理解射线、样条曲线与圆环命令的使用方法。

任务一　点

所有的几何图形无论如何复杂,都是由点、线、圆、弧等最基本的图形元素组成的,因此我们首先来学习点的绘制。

一、设置点样式

在 AutoCAD 中直线、弧线、几何图形上的点的样式是不显示的、是隐藏的,因此若想绘制出一些特殊显示的点,必须首先设置点的样式。

常用的点样式的设置方法是首先在命令行输入:ddptype(或单击菜单"格式"→"点样式"),在弹出的"点样式"对话框中选中一种点显示的形式,确定点大小的百分比,选择点的大小是相对屏幕设置还是按绝对单位设置的,之后点"确定"即可。"点样式"对话框如图 3-1 所示,绘制点的工具如图 3-2 所示。

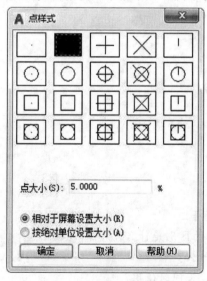

图 3-1　"点样式"对话框

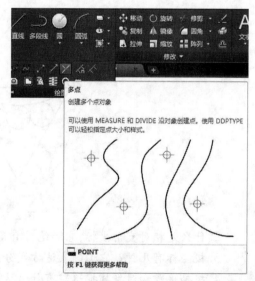

图 3-2　绘制点的工具

二、单点

(一)命令调用常用方法

(1)命令行输入"POINT",按 Enter 键;

(2)菜单栏:"绘图"→"点"→"单点";

(3)功能区:"默认"→"绘图"→ 工具。

(二)单点绘制的操作过程

下面在图 3-3 中的直线段上绘制其左端点,操作过程如下:

命令:point

当前点模式:PDMODE = 35　PDSIZE = 0.0000(说明当前所绘制点的模式与大小)

指定输入点位置:(拾取直线段上的左端点位置)

绘制结果见图 3-4。

图 3-3　已知直线段　　　　　　　　　图 3-4　绘制已知直线段的左端点

三、多点

(一)命令调用常用方法

(1)命令行输入"POINT",按 Enter 键;

(2)菜单栏:"绘图"→"点"→"多点";

(3)功能区:"默认"→"绘图"→ 工具。

(二)命令执行过程

例如想绘出图 3-3 中的左、右两个端点,则执行点的绘制过程如下:

命令:_point

当前点模式:PDMODE = 35　PDSIZE = 0.0000

Point 指定点 22.1305,13.8449

Point 指定点 36.9654,13.8449

绘制结果如图 3-5 所示。

四、定数等分

(一)命令调用常用方法

(1)命令行输入"DIVIDE",按 Enter 键;

(2)菜单栏:"绘图"→"点"→"定数等分";

(3)功能区:"默认"→"绘图"→ 工具。

(二)命令执行过程

命令:DIVIDE

选择要定数等分的对象:(选择要等分的直线或圆等)

输入线条数目或[块(B)]:(输入要等分的数目3)

执行结果如图 3-6 所示。如果要消除定数等分点的标记,选中这些点并删除即可,或设置点样式为☐ 或☐。

图 3-5　绘制已知直线段的两端点　　　　　图 3-6　绘制已知直线段的三等分点

五、定距等分

(一)命令调用常用方法
(1)命令行输入"MEASURE",按 Enter 键;
(2)菜单栏:"绘图"→"点"→"定距等分";
(3)功能区:"默认"→"绘图"→✕工具。

(二)命令执行过程
命令:MEASURE
选择要定距等分的对象:(选择要等分的直线段)
指定线段长度或[块(B)]:2
执行结果如图 3-7 所示。

图 3-7　已知直线段从左侧每隔 2 个单位画 1 点

任务二　线

由线组成的几何图形可以用直线(段)、多段线命令绘制,轴线可以使用射线、构造线来绘制,对于地形图中经常出现的双线或三线可以用多线命令来绘制,对于地形图中需要绘制的等高线可以使用样条曲线来绘制,而对于线宽不同或由直线段也由曲线段组成的综合图形,则可用多段线命令直接绘制。

一、直线

直线命令主要用来绘制起点和端点之间的直线段。
(一)命令调用常用方法
(1)命令行输入"LINE"(或 "L"),按 Enter 键;
(2)菜单栏:"绘图"→"直线";
(3)功能区:"默认"→"绘图"→直线工具。

(二)命令执行过程
命令:LINE
指定第一点:(指定所绘制直线的起始点)
指定下一点或[放弃(U)]:10

指定下一点或[放弃(U)]:10

指定下一点或[放弃(U)/闭合(C)]:10

指定下一点或[放弃(U)/闭合(C)]:(闭合线段,输入 C 按 Enter 键结束命令)

此时绘制出的图形如图 3-8 所示。

图 3-8　直线命令绘制正方形

二、射线

射线常用来绘制一端确定的对称轴线或辅助线。

(一)命令调用常用方法

(1)命令行输入"RAY"(或"R"),按 Enter 键;

(2)菜单栏:"绘图"→"射线";

(3)功能区 :"默认"→"绘图"→射线工具 。

(二)命令执行过程

命令:RAY 指定起点

指定通过点:(指定射线通过的另一点)

指定通过点:(可以绘制通过起点的多条射线,直到按 Esc 键或 Enter 键结束命令)

三、构造线

若绘制无限延伸的直线,可以使用构造线工具,如绘制对顶角的角平分线,则命令执行过程如下。

(一)命令调用常用方法

(1)命令行输入"XLINE"(或"XL"),按 Enter 键;

(2)菜单栏:"绘图"→"构造线";

(3)功能区:"默认"→"绘图"→构造线工具 。

(二)命令执行过程

命令:XLINE

指定点或[水平(H)/垂直(V)/角度(A)/二等分(B)/偏移(O)]

(1)若输入"H"或"V",则会在水平方向或垂直方向绘制出一条直线。

(2)若输入"A",则命令行提示:输入构造线的角度(°)或参照(R)。

输入角度数值则会绘制出与角度起算方向成该角度的构造线;输入"R"则是角度起算

方向自己指定,构造线是选中的参照直线作零方向,再输入一个角度值作直线旋转角,从而绘制而成的。参照的执行方法如下:

XLINE 指定点或[水平(H)/垂直(V)/角度(A)/二等分(B)/偏移(O)]:A

输入构造线的角度(°)或参照(R):R

选择直线对象:(选择某条直线)

输入构造线的角度<°>:30

XLINE 指定通过点:

(3)若输入"B",则可以绘制(角度)二等分的构造线。

XLINE 指定点或[水平(H)/垂直(V)/角度(A)/二等分(B)/偏移(O)]:B

指定角顶点:(输入角顶点)

指定角的起点:(输入角的起点)

XLINE 指定角的端点:(输入角的端点)

(4)若输入"O",则可以绘制与某已知线段或构造线有一定距离的构造线。

XLINE 指定点或[水平(H)/垂直(V)/角度(A)/二等分(B)/偏移(O)]:O

XLINE 指定偏移距离或(通过 T):<20.00>

选定直线对象:(选中某直线段或构造线)

XLINE 指定向哪侧偏移:(选中偏移的那侧)

四、多线

在城市地形图上经常会有双线道路需要绘制,此时可以用多线进行绘制,避免用单线绘制后再进行复制出现差错。绘制多线之前,也和绘制点一样,需要首先设置多线样式。

(一)设置多线样式

(1)命令行输入"MLSTYLE";

(2)点击菜单栏"格式"→"多线样式"。

设置多线样式的操作如图 3-9 所示,在"修改多线样式"对话框中可以设置,也可新建多线样式:

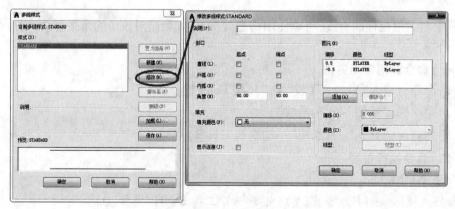

图 3-9　"多线样式"与"修改多线样式"对话框

①封口方式。

设置多线的端点是否封口,是弧形封口还是以一定角度封口。如不封口,则所有复选框都不选即可。

②填充方式。

多线中间是否以一定的颜色来填充,不选则此项应为"无";有颜色填充,点击右侧下拉小三角符号,从中选择即可。

③显示连接。

在复选框勾选此项,则两条线之间会有一条连接线。

④图元设置。

默认设置多线为两条线,若想多添加一条线或多条线,则点击"添加(A)",图元中显示线元素的位置变为三行,在"添加(A)"按钮下方的"偏移(S)"后面的文本框中输入相应中心线偏移的距离,在"颜色(C)"后的单选按钮中选择一种颜色,在"线型"后的单选按钮中选择一种需要的线型,如图 3-10 所示。

图 3-10 图元设置

⑤设置好后点击图 3-9 中的"置为当前(U)",则绘制多线时该多线样式即为默认样式。将修改或新建后的多线样式保存,如图 3-11 所示。

图 3-11 保存多线样式

(二)多线命令调用常用方法

(1)命令行输入"MLINE"(或"ML"),按 Enter 键;

(2)菜单栏:"绘图"→"多线"。

（三）命令执行过程

命令：MLINE

当前位置：对正＝上，比例＝20.00，样式＝STANDARD（设置对正，比例，样式）

指定起点或［对正（J）/比例（S）/样式（ST）］：（输入起点）

指定下一点或［闭合（C）或放弃（U）］：（输入终点）

五、多段线

多段线可以用来绘制多种不同性质线型、线宽的同一个对象。

（一）命令调用常用方法

（1）命令行输入"PLINE"（或"PL"），按 Enter 键；

（2）菜单栏："绘图"→"多段线"；

（3）功能区："默认"→"绘图"→多段线工具 。

（二）命令执行过程

命令：PLINE

指定起点：（指定多段线的起点）

当前线宽为 0.0000

指定下一点或［圆弧（A）/半宽（H）/长度（L）/放弃（U）/宽度（W）］：

1. 输入点

在命令行提示"指定下一点"时一直输入点，则绘制出的图形就是由一系列直线段联合在一起的线段组合图形。

2. 输入"A"

输入此项，则下面要绘制的是一段圆弧，命令行提示：

指定圆弧的端点（按住 Ctrl 键以切换方向）或［角度（A）/圆心（CE）/方向（D）/半宽（H）/直线（L）/半径（R）/第二个点（S）/放弃（U）/宽度（W）］：a

指定夹角：30

pline 指定圆弧的端点（按住 Ctrl 键以切换方向或［圆心（CE）/半径（R）］

3. 输入"H"

输入此项将确定所绘制图线的半宽度，即所设值是多段线宽度的一半。

指定起点半宽〈0.0000〉：（指定起点的半宽）

指定端点半宽〈0.0000〉：（指定端点的半宽）

4. 输入"L"

输入此项将从当前点绘制指定长度的多线段。

指定直线的长度：（指定直线的长度）

在该提示下输入长度值，系统将以该长度沿着上一次所绘制直线的方向绘制直线。如果前一段对象是圆弧，所绘制直线的方向为该圆弧终点的切线方向。

5. 输入"U"

输入此项将删除最后绘制的直线或圆弧段，利用该选项可以及时修改在绘制多段线过程中出现的错误。

6.输入"W"

输入此项将确定多线段的宽度。

指定起点宽度〈0.0000〉:(指定起点的宽度)

指定端点宽度〈0.0000〉:(指定端点的宽度)

六、样条曲线

对测绘学子来说,样条曲线常用来绘制等高线等有一些通过点或接近点的特殊曲线。

(一)命令调用常用方法

(1)命令行输入"SPLINE",按 Enter 键;

(2)菜单栏:"绘图"→"样条曲线"→"拟合点"或"控制点";

(3)功能区:"默认"→"绘图"→样条曲线拟合工具██或样条曲线控制点工具██

(二)命令执行过程

1.样条曲线拟合

SPLINE 指定第一个点[方式(M)节点(K)/对象(O)]:(指定起点)

SPLINE 输入下一个点或[起点(T)/切向公差(L)]:

SPLINE 输入下一个点或[端点相切(T)/切向公差(L)/放弃(U)]:

2.样条曲线控制点

样条曲线控制点方案可以通过修改(重新选)控制点的位置改变样条曲线的形状。输入过程与上面操作相似,根据已有线段逐一拾取即可。

示例,以数学中常用的函数方程 $y = x^2$ 从 x 在 $[-5, +5]$ 区间的整数取值及对应 y 的取值为控制点的坐标,在 AutoCAD 中绘制出函数的曲线方程。

任务三 矩形与正多边形

生活中见到的复杂多边形往往可以分割成一些简单的图形来绘制,比如三角形、平行四边形和矩形等就是其中比较常见的形状,这里介绍矩形和正多边形这些特殊的形状。

一、矩形

在 AutoCAD 中有一个命令可以直接用来绘制矩形,即为"RECTANG",绘制完成后矩形是一个对象,其节点位于 2 个矩形对角线点处。

(一)命令调用常用方法

(1)命令行输入"RECTANG"(或"REC"),按 Enter 键;

(2)菜单栏:"绘图"→"矩形";

(3)功能区:"默认"→"绘图"→██工具。

(二)命令执行过程

命令:_rectang

指定第一个角点或指定第一个角点或[倒角(C)/标高(E)/圆角(F)/厚度(T)/宽度(W)]:

(1)如果矩形两对角点的坐标已知,直接输入或拾取两已知对角点;

（2）如果绘制矩形有特殊要求，如一些有倒角的花坛，则在"："提示后输入"C"并按 Enter 键，此时命令行显示：

指定矩形的第一个倒角距离 ＜0.0000＞：（指定矩形的第一个倒角距离）

指定矩形的第二个倒角距离 ＜0.0000＞：（指定矩形的第二个倒角距离）

根据实际尺寸输入即可完成含倒角的矩形的绘制。

（3）如果绘制的矩形是圆角（防撞餐桌），则可在矩形拐点处设置圆角，绘制时在系统提示下输入"F"，之后输入圆角半径，此时绘出的矩形即为经过圆角后的矩形。

（4）输入"T"即指出矩形的厚度，则在三维空间绘图时会绘制具有一定高度的棱柱体（其底面为该矩形）。

（5）指定多段线的宽度，在命令行输入"W"，绘出有一定线宽的矩形。例如，有一定边框的手机、电视机或电脑，可以根据自己的设备绘制。

二、正多边形

利用正多边形命令可以绘制所有的正多边形，命令为"POLYGON"。

（一）命令调用常用方法

（1）命令行输入"POLYGON"，按 Enter 键；

（2）菜单栏："绘图"→"多边形"；

（3）功能区："默认"→"绘图"→矩形工具右侧下拉三角符号下面

（二）命令执行过程

命令：POLYGON

输入边的数目：5

指定正多边形的中心点或［边（E）］：（选择用正多边形中心点画正多边形）

输入选项［内接于圆（I）/或外切于圆（C）＜I＞：（选择正多边形内接于圆还是外切于圆）

指定圆的半径：（输入圆的半径数值）

可绘制一个正五角星外面的正五边形，如图 3-12 所示。

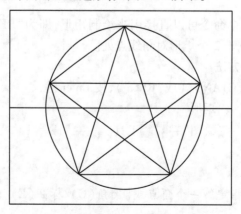

图 3-12　外接圆半径为 20 的正五边形

任务四　圆、圆弧与圆环

地形图上常见一些由圆、圆弧或圆环单独或与其他图形组成的复杂组合形状,所以圆、圆弧或圆环的图案绘制也需要掌握。

一、圆

圆绘制命令为"CIRCLE",可以根据给定的图形条件选择绘制圆的方式。

(一)命令调用常用方法

(1)命令行输入"CIRCLE"(或"C"),按 Enter 键;

(2)菜单栏:"绘图"→"圆"→(选择绘制圆的方式);

(3)功能区:"默认"→"绘图"→○工具。

(二)命令执行过程

命令:_circle

指定圆的圆心或[三点(3P)/两点(2P)/相切、相切、半径(T)]:

(1)如果在命令提示行直接输入圆心位置,则会直接按照系统默认的圆心半径方式绘制圆。在命令行的提示:

指定圆的半径或[直径(D)]:20

即可绘制一个半径为20,圆心在第一次输入点的圆。如果给定的条件是直径,可以按以下操作进行:

指定圆的直径〈原直径默认值〉:(输入圆的直径并回车)

指定圆的半径或[直径(D)]:(输入 D 并回车)

指定圆的直径〈原直径默认值〉:(输入圆的直径如 40 并回车)

将绘制出与直接输入半径为20一样大小和位置的圆。按照给定条件,若给定直径,则直接绘制即可,比只用圆心、半径方式省去了计算过程。

(2)如果输入"3P",则系统依次提示:

指定圆上第一个点:(指定圆上的第一个点)

指定圆上第二个点:(指定圆上的第二个点)

指定圆上第三个点:(指定圆上的第三个点)

此种绘制圆的办法,可以绘出通过指定三个点的唯一圆。

(3)如果输入"2P",则系统依次提示:

指定圆直径的第一个端点:(指定圆直径的第一个端点)

指定圆直径的第二个端点:(指定圆直径的第二个端点)

系统将在屏幕上绘制出一个以指定两点为直径的圆。

(4)如果输入"T",系统依次提示:

指定对象与圆的第一个切点:(选择第一个对象)

指定对象与圆的第二个切点:(选择第二个对象)

指定圆的半径＜当前默认值＞:(输入圆的半径值)

二、圆弧

圆弧是圆的一部分,生活中很多蜿蜒曲折的小路往往由一些圆弧组合而成,如操场上的跑道由圆弧段和直线段组合而成,在大比例尺地形图绘制时,就会使用圆弧绘制的方法。

相比于圆,圆弧仅已知圆心和半径(或直径)是不够的,想知道圆弧具体有多长,必须已知圆弧圆心角多少度(这样就知道其占整个圆的多少分之一)或者起点方向、端点方向,或者起点位置、端点位置及起始方向,也可以是圆起点、终点和中间某一个通过点,由此才可绘制出所要绘制的圆弧。圆弧的绘制命令是 ARC。

(一)命令调用常用方法

(1)命令行输入"ARC",按 Enter 键;

(2)菜单栏:"绘图"→"圆弧"→(选择绘制圆弧的方式);

(3)功能区:"默认"→"绘图"→ 圆弧 工具。

(二)命令执行过程

命令:ARC

指定圆弧的起点或[圆心(C)]:(指定圆弧的起始点位置,如图 3-13 中 1 位置)

指定圆弧的第二个点或[圆心(C)/端点(E)]:E

指定圆弧的端点:(指定圆弧的端点位置,如图 3-13 中 2 位置)

指定圆弧的半径或[角度(A)/弦长(L)]:(指定圆弧的半径)

如图 3-13 所示,图中半径为 50 的圆弧可以用"起点端点半径"方式绘制而成。

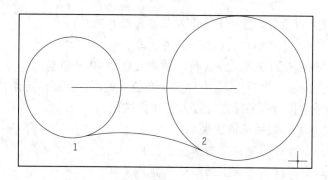

图 3-13　圆弧绘制示例图

三、圆环

圆环的命令功能,是可以根据输入的圆环内径、外径和中心点位置绘制一个圆环。圆环也可根据实际情况分填充和不填充两种,实体须填充,几何形状不必填充。

(一)命令调用常用方法

(1)命令行输入"DONUT",按 Enter 键;

(2)菜单栏:"绘图"→"圆环"。

(二)命令执行过程

命令:DONUT

指定圆环的内径〈1.5000〉:(输入圆环的内径值,如 2.00)

指定圆环的外径〈3.0000〉:(输入圆环的外径值,如 4.00)

指定圆环的中心点或〈退出〉:(指定圆环中心的位置)

AutoCAD 中有一个"FILL"系统变量可以改变圆环的填充效果。在命令行输入"FILL",则显示"[开(ON) 关(OFF)]",选择"开"输入 ON 之后,选择设置其为 1,则可实现对圆环进行填充;否则对圆环不进行填充,只显示轮廓线。

任务五　椭圆与椭圆弧

一、椭圆

(一)命令调用常用方法

(1)命令行输入"ELLIPSE",按 Enter 键;

(2)菜单栏:"绘图"→"椭圆"→(选择绘制椭圆的方式);

(3)功能区:"默认"→"绘图"→ 工具。

(二)命令执行过程

命令:ELLIPSE

指定椭圆的轴端点或[圆弧(A)/中心点(C)]:

(1)已知椭圆一个轴的两个端点和另一半轴长,绘制椭圆。

执行命令的过程如下:

命令:ELLIPSE

指定椭圆的轴端点或[圆弧(A)/中心点(C)]:(指定轴的一个端点,在图中用光标拾取)

指定轴的另一个端点:(指定轴的另一个端点,在图中用光标拾取)

指定另一条半轴长度或[旋转(R)]:(指定另一个轴的半轴长度,输入值)

需要注意的是,第一条由两端点确定的椭圆轴线,既可以定义为椭圆的长轴,也可以定义为椭圆的短轴,其角度最终决定了椭圆的角度。

(2)已知椭圆中心点、端点和另一半轴长,绘制椭圆。

执行命令的过程如下:

命令:ELLIPSE

指定椭圆的轴端点或[圆弧(A)/中心点(C)]:C(已知中心点画椭圆)

指定椭圆的中心点:(指定中心点)

指定轴的端点:(指定一条轴的端点)

指定另一条半轴长度或[旋转(R)]:(指定另一个轴的半轴长度)

二、椭圆弧

椭圆弧命令功能,是可以绘制已知椭圆两个端点和另一半轴长的椭圆弧。

(一)命令调用常用方法

(1)命令行输入"ELLIPSE",按 Enter 键;

（2）菜单栏:"绘图"→"椭圆"→"圆弧";

（3）功能区:"默认"→"绘图"→工具。

（二）命令执行过程

命令:ELLIPSE

指定椭圆的轴端点或［圆弧（A）/中心点（C）］:（输入"A",回车）

指定椭圆弧的轴端点或［中心点（C）］:（指定椭圆弧的轴端点 1）

指定轴的另一个端点:（指定椭圆弧的轴的另一个端点 2）

指定另一条半轴长度或［旋转（R）］:（指定椭圆弧的另一条半轴长度）

指定起始角度或［参数（P）］:（指定起始角度）

指定终止角度或［参数（P）/包含角度（I）］:（指定终止角度）

注意:椭圆弧绘制过程是从起始角度到终止角度按逆时针方向进行的。

任务六　图案填充

　　在一幅地形图中,往往有大面积的植被需要显示,对封闭区域附着一定的图案符号,称为图案填充。用户在使用填充图案时,既可以选择系统图案库文件中预定义的图案样式,也可以从自定义库文件中选择一种图案样式。在 AutoCAD 生成正式的填充图案之前,可以先预览,并根据实际需要修改某些选项,以满足要求。一般在图案填充之前,需要将封闭的区域定义为面域。

一、面域的创建

　　在 AutoCAD 中,面域是指具有边界的平面区域。它是一个面对象,内部可含孔。从外观来看,面域和封闭线框没有区别,但实际上面域就像是一张没有厚度的纸,除包括边框,还包括边界内的平面部分。也就是说,面域是由封闭区域形成的 2D 实体对象,其边界可以是直线、多段线、圆、椭圆或圆弧等围起来的几何形状。

　　在 AutoCAD 中,面域与圆、矩形等图形虽然都是封闭的,但却有着本质的区别。因为圆、矩形和正多边形只包含边框的信息,没有面的实体信息,属于线框模型;但面域既包含边框信息又包含面信息,属于实体模型。

　　在 AutoCAD 中不可以直接创建面域,用户可以将封闭图形转换为面域。

（一）命令调用常用方法

（1）命令行输入"REGION",按 Enter 键;

（2）菜单栏:"绘图"→"面域";

（3）功能区:"默认"→"绘图"→面域工具。

（二）命令执行过程

命令:_region

选择对象:（输入某一封闭对象,如圆）找到一个

选择对象:

已提取一个环

已创建一个面域

用户在选择一个封闭图形对象,或组成封闭图形区域的多个图形对象后,按下 Enter 键即可将图形转换为面域。但应注意以下几点:

(1)面域外观上和线框的形式一样,用户可以对面域进行复制、移动等编辑操作。

(2)在创建面域时如果系统变量 DELOBJ 的值为 1,系统将在定义了一个或若干个面域之后,将删除原始对象(如一个矩形);否则,当 DELOBJ 的值为 0,则在定义面域后并不删除原始对象。

(3)选择"修改"→"分解"命令,将使面域转换成相应的线、圆等对象。

在 AutoCAD 中,用来创建面域的图形可以是矩形、圆、正多边形、椭圆以及由样条曲线构成的封闭图形等。

二、填充图案的设置与选择

(一)命令调用常用方法

(1)命令行输入"BHATCH",按 Enter 键;

(2)菜单栏:"绘图"→"图案填充";

(3)功能区:"默认"→"绘图"→▨▾工具。

(二)命令执行过程

命令:BHATCH

拾取内部点或 [选择对象(S)/放弃(U)/设置(T)]:正在选择所有对象...

正在选择所有可见对象...

正在分析所选数据...

正在分析内部孤岛...

系统直接按上一次所选的图案及设置进行填充,不再像早期版本需弹出对话框设置了。

图3-14　图案填充下拉菜单

填充工具的右侧有一个下拉小三角符号,如图 3-14 所示,点击即可打开,其下有三个选项,即图案填充、渐变色和边界。

1.使用"渐变色"工具

选择渐变色工具,系统按以下操作进行:

命令:_gradient

拾取内部点或 [选择对象(S)/放弃(U)/设置(T)]:正在选择所有对象...

正在选择所有可见对象...

正在分析所选数据...

正在分析内部孤岛...

将会根据默认操作填充入一个有渐变效果的图形,如图 3-15 所示。

2."边界"工具

点击"边界"工具后弹出"边界创建"对话框(见图 3-16),选择圆面域图案中的内部一点,可以创建一个新的多段线图案(见图 3-17)。

图 3-15 渐变色图案填充效果

图 3-16 "边界创建"对话框

图 3-17 对圆面域做边界操作

命令：_boundary

拾取内部点：正在选择所有对象⋯

正在选择所有可见对象⋯

正在分析所选数据⋯

正在分析内部孤岛⋯

拾取内部点：

BOUNDARY 已创建 1 个多段线自动保存到

C：\Users\Administrator\appdata\local\temp\Drawing1_1_20793_2537.sv $⋯ boundary

三、图案填充编辑

当填充的图案需要更改时，可以通过图案编辑命令进行编辑修改。

（一）命令调用常用方法

（1）命令行输入"HATCHEDIT"，按 Enter 键；

（2）菜单栏："修改"→"对象"→"图案填充"；

（3）功能区："默认"→"修改"→"编辑图案填充"⬚工具。

（二）命令执行过程

工具或命令输入后，界面弹出如图 3-18 所示对话框，在其中可以更改填充图案和角度比例、原点等信息，也可设置关联性、绘图次序等，也可以在其中选择"渐变色"选项卡，对图案的填充颜色进行设置，如图 3-19 所示。

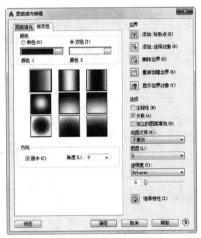

图 3-18　"图案填充"选项卡对话框　　　　图 3-19　"渐变色"选项卡对话框

双击要编辑的图案对象，即可完成设置。

小　结

本项目主要介绍 AutoCAD 中绘制二维基本图形的命令和方法，通过绘制组成地形图等专业图中的基本元素：点、线、面和几何图形，就掌握了绘制常用图形的方法。此外，本项目有很多地质地貌、植被等的图中有时需要进行图案填充，掌握了图案填充命令的使用，即可顺利完成。

典型实例

1. 绘制图 3-20 所示的图形。

提示：利用 ELLIPSE 命令的"Center"选项绘制倾斜椭圆，其中心点可利用正交偏移捕捉（FROM）确定。

2. 绘制如图 3-21 所示的图形。

3. 绘制如图 3-22 所示的图形。

4. 用 RECTANG 命令绘制图 3-23 所示的图形。

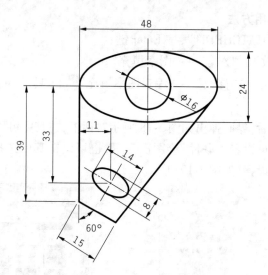

图 3-20 典型实例题 1 图例

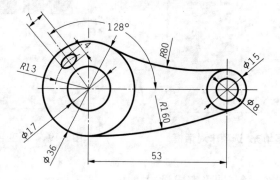

图 3-21 典型实例题 2 图例

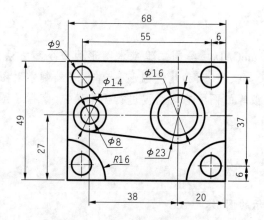

图 3-22 典型实例题 3 图例

提示:利用 RECTANG 命令的"Fillet"选项画图中的大矩形。

5. 用 POLYGON 和 CIRCLE 命令绘制图 3-24 所示的图形。

6. 绘制图 3-25 所示的图形。

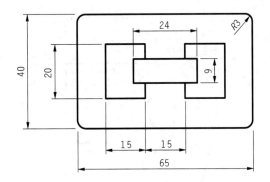

图 3-23 典型实例题 4 图例

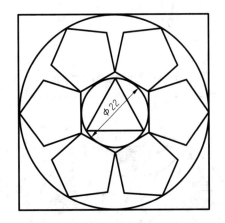

图 3-24 典型实例题 5 图例

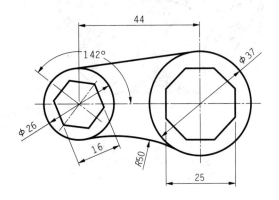

图 3-25 典型实例题 6 图例

7. 绘制图 3-26 所示的图形。

8. 绘制如图 3-27 所示图形,外圆半径 105,绘制内接多边形及相应圆弧,再根据对称线用"相切、相切、半径"方式绘出内中小圆,之后根据边界生成面域,最后对部分区域进行填充。

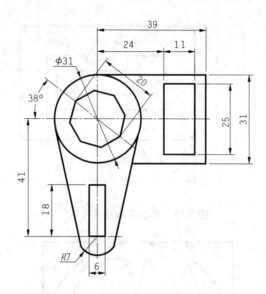

图 3-26　典型实例题 7 图例

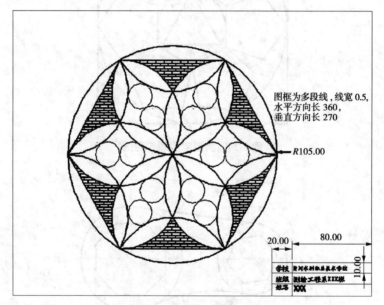

图框为多段线，线宽 0.5，
水平方向长 360，
垂直方向长 270

R105.00

图 3-27　典型实例题 8 图例

■ 复习思考题

1. 绘出的点若在屏幕上不可见，如何更改？

2. 思考典型实例中圆、圆弧的绘制方法。

3. 将绘制一个倒角半径为 5、边长为 20 的正方形的过程书写下来。

4. 绘制圆环时，若给出内径的值等于 0，结果如何？

5. 填充图案中的颜色能否设置为单色？如何设置？

6. 填充图案的角度和比例怎样设置？

项目四　二维图形的编辑

　　AutoCAD 2018 提供了丰富的图形编辑命令,在绘图过程中,想要使绘制的图形达到要求,必须在绘制图形过程中进行各种编辑。AutoCAD 2018 的编辑功能包括复制、删除、镜像、偏移、阵列、移动、旋转、缩放、修剪、延伸、拉伸、拉长、打断、合并、倒角、圆角、分解等,使用上述编辑功能,能对绘制的图形进行修改编辑。

任务一　选择对象

一、选择对象的方法

　　在 AutoCAD 2018 中需要选择编辑的图形对象,被选中的图形对象将显示虚线亮显方式。为了满足不同用户的需求,AutoCAD 2018 提供了多种选择对象的方法,可以利用窗口选择多个对象,也可以用鼠标左键单击图形对象逐个选择,常用的选择方法及选择效果有以下几种:

　　(1)矩形窗口。

　　绘图区从左上角单击往右下拉一个矩形,所有包含在矩形内部的对象全被选中。

　　(2)交叉窗口。

　　绘图区从右下角单击往左上拉一个矩形,矩形包含的对象及与窗口相交的对象均被选中。

　　(3)多边形窗口。

　　根据命令行"选择对象"提示,输入圈围(WP)并按 Enter 键,只能选择它完全包围的对象。

　　(4)鼠标点选。

　　用鼠标左键点击对象上的一点,可以依次选中若干对象。

　　(5)交叉多边形。

　　根据命令行"选择对象"提示,输入圈交(CP)并按 Enter 键,选择相交或包含的对象。

　　(6)栏选。

　　根据命令行"选择对象"提示,输入栏选(F)并按 Enter 键,栏是一条直线,直线穿过的对象即选中。

　　(7)命令行直接输入。

　　Ctrl+A 并按 Enter 键,将选中操作区的所有对象。

　　(8)"实用工具"面板。

　　点选 ✦ ,将选中操作区的所有对象。

二、过滤选择集

为了能够减少重复性的工作、提高绘图效率，AutoCAD 2018 提供了多个选择对象的方法。

（一）快速选择

进行快速选择命令常用调用的方法如下：

（1）命令行输入"QSELECT"，按 Enter 键；

（2）菜单栏："工具"→"快速选择"；

（3）功能区："默认"→"实用工具"→"快速选择"按钮。

执行命令后，系统将弹出"快速选择"对话框，如图 4-1 所示，根据过滤条件创造选择集，按"对象类型（B）"和"特性（P）"过滤选择集。

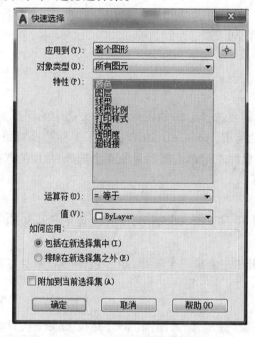

图 4-1 "快速选择"对话框

（二）过滤选择

对象选择过滤器可以提供更复杂的过滤选项，并可以命名和保存过滤器。该命令的调用方式为：

命令行输入"FILTER"（或"FI"）；

执行该命令后，系统将弹出"对象选择过滤器"对话框，如图 4-2 所示。

在该对话框中，左侧的"选择过滤器"下深色下拉列表框可根据需要选择过滤器名称；运算符可以选"=、!=、<、<=、>、>=、*"，运算符后的值可以根据需要进行输入。其中"添加到列表（L）"按钮可以用来将某些选择项添加到对话框最上部的列表框中。

如果列表框中有项目，可以通过对其中的某些项目进行"编辑项目（I）""删除（D）""清除列表（C）"等操作。通过右侧的"命名过滤器"可以给新过滤器进行"另存为（V）"命名。

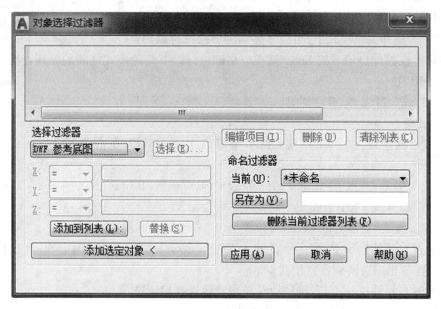

图 4-2 "对象选择过滤器"对话框

三、夹点编辑

如果在未启动任何命令的情况下("命令:"提示下)选择实体对象,那么在被选取的实体对象上就会出现若干个带颜色(缺省为蓝色)的小方框,这些小方框是相应实体对象的特征点,称为夹点。

若想退出夹点编辑状态,按一次 Esc 键即可,不同对象上夹点的位置和数量各不相同,如图 4-3 所示。

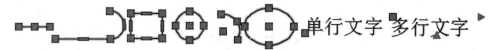

图 4-3 常用实体对象上的夹点

(一)夹点选中

在不输入命令的情况下,拾取要编辑的对象,该对象上将显示蓝色的夹点标记,将鼠标移动到希望成为基点的夹点上,单击左键,该夹点即高亮显示,缺省颜色为红色,这个夹点就是热夹点。若要选择多个基点,可在选择夹点的同时按下 Shift 键,然后用光标对准某一个夹点激活它。

(二)拉伸

当对象上的夹点被激活选中时,命令行提示:

＊＊拉伸＊＊

指定拉伸点或[基点(B)/复制(C)/放弃(U)/退出(X)]:

当激活一个夹点后,即可进入夹点编辑模式,拉伸模式为缺省的编辑模式。

用户可以在该提示下进行拉伸、移动、复制等操作,并非所有实体的夹点都能拉伸,当用户选择不支持拉伸操作的夹点(如直线的中点、圆心、文本插入点或图块插入点等)时,往往不是进行拉伸实体,而是移动实体。

（三）移动、旋转、比例缩放、镜像

在默认的拉伸编辑模式下,可以下述两种方法进行编辑:

（1）通过在拉伸提示下按 Enter 键或空格键进行以下几种模式之间的循环切换。

＊＊ MOVE ＊＊

指定移动点或[基点(B)/复制(C)/放弃(U)/退出(X)]:

＊＊ 旋 转 ＊＊

指定旋转角度或[基点(B)/复制(C)/放弃(U)/参照(R)/退出(X)]:

＊＊ 比例缩放 ＊＊

指定比例因子或[基点(B)/复制(C)/放弃(U)/参照(R)/退出(X)]:

＊＊ 镜 像 ＊＊

指定第二点或[基点(B)/复制(C)/放弃(U)/退出(X)]:

（2）通过在拉伸提示下,在命令行输入"MO"(移动)、"RO"(旋转)、"SC"(比例缩放)和"MI"(镜像)相应切换到各自模式。

（3）通过在拉伸提示下,右键快捷菜单中直接选择编辑选项。

最后按 Esc 键退出操作,完成作图过程。

【例 4-1】　如图 4-4 所示,作线段的垂直平分线。操作步骤如下:

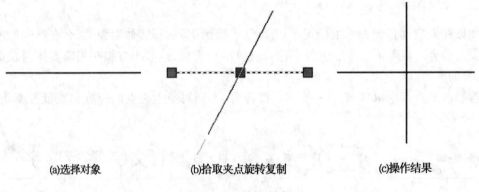

(a)选择对象　　　　(b)拾取夹点旋转复制　　　　(c)操作结果

图 4-4　"夹点"编辑

（1）拾取要编辑的直线,该对象上显示蓝色的夹点标记。

（2）拾取线段的中间夹点作为操作点(该夹点变为红色),此时出现命令行提示:

＊＊ 拉伸 ＊＊

指定拉伸点或[基点(B)/复制(C)/放弃(U)/退出(X)]:_rotate(在右键快捷菜单中选择旋转选项)

＊＊ 旋 转 ＊＊

指定旋转角度或[基点(B)/复制(C)/放弃(U)/参照(R)/退出(X)]:c(选择旋转复制选项)

＊＊ 旋转（多重）＊＊

指定旋转角度或[基点(B)/复制(C)/放弃(U)/参照(R)/退出(X)]:90(指定旋转角度)

＊＊ 旋转（多重）＊＊

指定旋转角度或[基点(B)/复制(C)/放弃(U)/参照(R)/退出(X)]:(回车结束操作)

任务二　修改对象

一、复制和删除

(一)在本图形中复制对象

图形绘制过程中,经常会遇到在该图形中相同的对象出现多次,为了方便用户省去重复工作,AutoCAD 2018 提供了"复制"(copy)命令。

1.命令调用常用方法

(1)命令行输入"COPY"(或"CP"),按 Enter 键;

(2)菜单栏:"修改"→"复制";

(3)功能区:"默认"选项卡→"修改"面板→"复制"按钮 ％。

2.命令执行过程

选择对象:(选择对象后回车,命令行提示:)

指定基点或[位移(D)/模式(O)]:(其中,"基点"是指被复制对象移动时的基准点,指定基点后,可以使用对象追踪、对象捕捉、输入相对坐标找到确定点位)

输入"位移(D)"时,命令行提示:

指定位移<0.0000,0.0000,0.0000>:(其中,"位移(D)"是指原图形与新复制对象的距离)

输入"模式(O)"命令行提示:

输入复制模式选项[单个(S)/多个(M)]:(当不需要复制时,可以按 Esc 键或 Enter 键退出该命令)

【例4-2】　对图 4-5(a)所示的小圆进行复制,基点为小圆的圆心,第二点为大圆的 1号、2 号、3 号定数等分点,结果如图 4-5(b)所示。

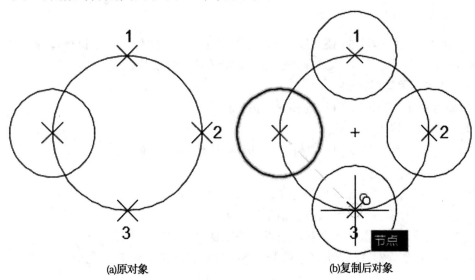

(a)原对象　　　　　　　　　　　　(b)复制后对象

图 4-5　图形对象的复制

（二）复制图形到其他程序中

当需要在 Microsoft Office 或画图等其他应用程序中用到 AutoCAD 中绘制的图形,用户可以利用 Windows 剪切板功能,常用的命令调用方法有:

（1）选择需要复制的图形→右击鼠标右键→复制对象;

（2）命令行输入"COPY"（或"CP"）,选择绘制的图形对象。

上述操作执行之后,图形就被复制到 Windows 剪切板上,然后直接粘贴在相应的应用程序中即可。

（三）对象删除与恢复

1.对象删除

在绘图过程中,需要删除一些错误或辅助性的图形。命令调用常用方法有:

（1）命令行输入"ERASE",按 Enter 键;

（2）菜单栏:"修改"→"删除";

（3）功能区:"默认"选项卡→"修改"面板→"删除"按钮 ✍ 。

命令执行后,命令行提示如下:

选择对象:(选取要删除的图形对象)

可以连续选择多个对象后按 Enter 键进行删除。

2.对象恢复

1）恢复最近一次删除的对象

命令行输入"OOPS",按 Enter 键。（其中,OOPS 是用来恢复在上一个 ERASE 命令中被删除的对象）

2）恢复前几次删除的对象

（1）命令行输入"UNDO",按 Enter 键;

（2）选择"快速访问工具栏" [工具栏图标] 面板→"放弃"按钮↶。

二、镜像

镜像是指可以绕指定轴（镜像线）翻转对象创建对称的图像。命令执行过程中要指定临时镜像线（输入两点）。可以选择是删除原对象还是保留原对象。

（一）命令调用常用方法

（1）命令行输入"MIRROR",按 Enter 键;

（2）菜单栏:"修改"→"镜像";

（3）功能区:"默认"选项卡→"修改"面板→"镜像"按钮 ◭ 镜像 。

（二）命令执行过程

选择对象:(选取要镜像的图形对象,回车)

指定镜像线的第一点:(用鼠标在绘图区拾取镜像线上第一个点)

指定镜像线的第二点:(用鼠标在绘图区拾取镜像线上第二个点)

要删除源对象吗?［是（Y）/否（N）］<否>:(直接回车保留源图形,若输入"Y",则删除源图形)

图 4-6 是镜像复制的整个过程。

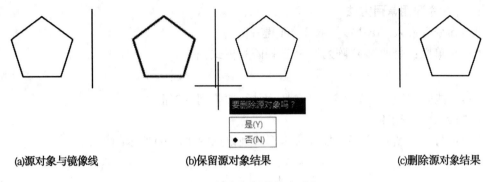

(a)源对象与镜像线　　　　　(b)保留源对象结果　　　　　(c)删除源对象结果

图 4-6　镜像复制的整个过程

三、偏移

在绘制图形过程中,可以使用偏移命令使要绘制的对象与已绘制的图形平行,包括线、圆弧、圆等对象的偏移。

(一)命令调用常用方法

(1)命令行输入"OFFSET",按 Enter 键;

(2)菜单栏:"修改"→"偏移";

(3)功能区:"默认"选项卡→"修改"面板→"偏移"按钮 ⟠。

(二)命令执行过程

指定偏移距离或[通过(T)/删除(E)/图层(L)]:

输入偏移距离后,可以选中一个要偏移的对象,然后指定偏移的一侧,被偏移的对象就绘制出来了,当不知道偏移距离时,可以选择偏移时通过某个点,即输入"T",用鼠标拾取需要通过的点。当输入"L"时,对偏移的图层进行选择,可以选择当前图层或者源图层进行偏移。

此命令可以实现同一偏移距离下的多次偏移,可以按 E 键、Esc 键或 Enter 键退出。对不同图形执行偏移命令,会产生不同的结果,如图 4-7 所示。

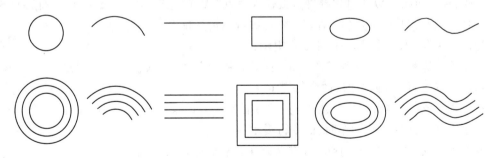

图 4-7　不同图形对象的偏移效果

四、阵列

AutoCAD 2018 中,阵列图形对象可以按照一定的规律排列、一次复制出多个对象。在选择要复制的对象(源对象)后,可以选择排列模式,有三种类型的阵列:矩形、环形、路径。

(一)命令调用常用方法

(1)命令行输入"ARRAY",按 Enter 键;

(2)菜单栏:"修改"→"阵列"→(选择阵列模式);

(3)功能区:"默认"选项卡→"修改"面板→"阵列"按钮  。

(二)命令执行示例

【例 4-3】   如图 4-8 所示,要通过矩形阵列得到图 4-8(b)所示的效果。

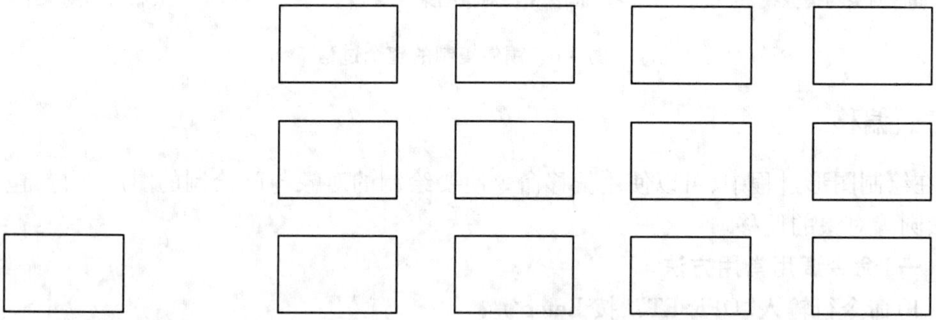

(a)阵列前图形   (b)阵列后图形

图 4-8   矩形阵列效果

操作步骤如下:

命令:ARRAY

选择对象:(选择阵列矩形对象)

选择对象:输入阵列类型[矩形(R)/路径(PA)/极轴(PO)]<矩形>:R

类型=矩形   关联=是

选择夹点以编辑阵列或[关联(AS)/基点(B)/计数(COU)/间距(S)/列数(COL)/行数(R)/层数(L)/退出(X)]<退出>:(默认 4 列 3 行矩形阵列)

此时,在命令行可以通过选择夹点或输入关联(AS)/基点(B)/计数(COU)/间距(S)/列数(COL)/行数(R)/层数(L)对矩形阵列进行编辑处理。

当输入关联(AS)并回车时,命令行提示:

创建关联阵列[是(Y)/否(N)]<是>:(默认阵列关联,可以输入 Y 或 N)

当输入基点(B)并回车时,命令行提示:

指定基点或[关键点(K)]<质心>:(默认指定质心或指定源对象上的关键点作为基点)

当输入计数(COU)并回车时,命令行提示:

输入列数或[表达式(E)]<4>:(默认是 4 列或者输入表达式)

输入行数或[表达式(E)]<3>:(默认是 3 行或者输入表达式)

当输入间距(S)并回车时,命令行提示:

指定列之间的距离或[单位单元(U)]<当前>:(输入列之间距离或者 U)

指定行之间的距离<当前>:(输入行之间距离)

当输入列数(COL)并回车时,命令行提示:

输入列数或[表达式(E)]<4>:

指定列数之间的距离或[总计(T)/表达式(E)]<当前>:

当输入行数(R)并回车时,命令行提示:

输入行数或[表达式(E)]<3>:

指定行数之间的距离或[总计(T)/表达式(E)]<当前>:

指定行数之间的标高增量或[表达式(E)]<0>:

当输入层数(L)并回车时,命令行提示:

输入层数或[表达式(E)]<1>:

指定层之间的距离或[总计(T)/表达式(E)]<1>:

同时在选项卡中上会出现"阵列"选项卡及其功能面板,如图 4-9 所示,也可以在"矩形阵列"功能面板对矩形阵列进行列、行、层级、特性、选项的编辑处理,在"矩形阵列"功能面板上对矩形阵列进行编辑处理显得更直观方便,为推荐方法。矩形阵列完成之后用鼠标左键点击关联路径矩阵,出现如图 4-10"矩形阵列"编辑面板,可以再次对矩形阵列进行编辑。

默认	插入	注释	参数化	视图	管理	输出	附加模块	A360	精选应用	阵列创建	
矩形	列数	4	行数	3	级别	1			关联	基点	关闭阵列
	介于	3496.7884	介于	2451.5813	介于	1					
	总计	10490.3652	总计	4903.1626	总计	1					
类型	列		行 ▼		层级				特性		关闭

图 4-9　"矩形阵列"面板

默认	插入	注释	参数化	视图	管理	输出	附加模块	A360	精选应用	阵列	
矩形	列数	4	行数	3	级别	1		基点	编辑来源	替换项目	重置矩阵	关闭阵列
	介于	1339.3322	介于	898.8832	介于	1					
	总计	4017.9967	总计	1797.7663	总计	1					
类型	列		行 ▼		层级		特性		选项		关闭

图 4-10　"矩形阵列"编辑面板

创建矩形阵列当然也可以通过 ARRAYCLASSIC 命令使用传统对话框创建阵列。操作步骤如下:

命令:ARRAYCLASSIC

命令执行后,系统会弹出"阵列"对话框,如图 4-11 所示。

矩形阵列可以设置的参数有行数、列数、行偏移、列偏移、阵列角度。其中行偏移、列偏移通过以下三种方式得到:

(1)直接在文本框中输入;

(2)通过点击▣按钮后用鼠标拾取;

(3)点击▣按钮在屏幕上画出矩形。

阵列角度是指要复制的对象副本所连成的行与水平方向或列与竖直方向之间的夹角,通过文本框输入或点击按钮▣在屏幕上拾取即可,角度设置好后,可以在右侧预览绘图框查看效果。图 4-12 是阵列角为 45°的效果。

设置完参数后,可以点击图中右上角 选择对象(S) 按钮,系统会返回到绘图界面,在绘图区选择需要阵列的对象并按 Enter 键,系统会继续弹出"阵列"对话框,此时可以点击"预览(V)<"按钮在绘图区查看阵列的效果是否符合要求,符合要求后可按"确定"按钮,完成矩形阵列复制操作。

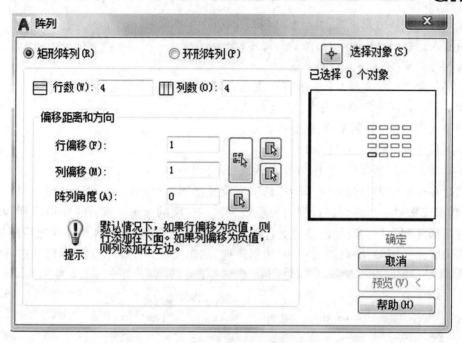

图 4-11　"阵列"对话框中的"矩形阵列"选项卡

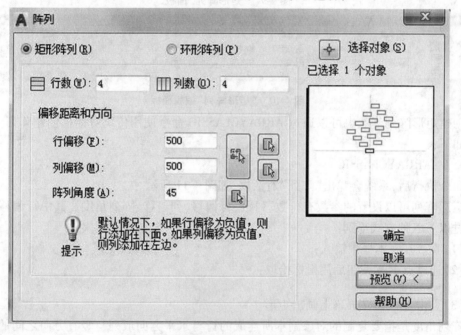

图 4-12　设置阵列角为 45°的预览图形

【例 4-4】　如图 4-13 所示,通过路径阵列得到图 4-13(b)所示的效果。
操作步骤如下:
命令:ARRAY
选择对象:(选择阵列圆对象)
选择对象:输入阵列类型[矩形(R)/路径(PA)/极轴(PO)]<路径>:PA

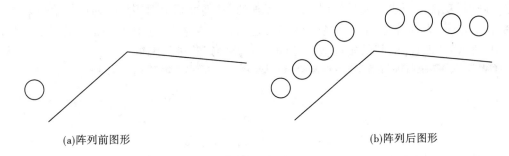

(a)阵列前图形　　　　　　　　　　　　　　　　(b)阵列后图形

图 4-13　路径阵列效果

类型＝路径　关联＝是

选择路径曲线:(路径曲线可以选择直线、多段线、三维多段线、样条曲线、螺旋、圆弧、圆或椭圆以用作路径,本例选择多段线)

选择夹点以编辑阵列或[关联(AS)/方法(M)/基点(B)/切向(T)/项目(I)/行(R)/层(L)/对齐项目(A)/Z方向(Z)/退出(X)]<退出>:

此时,在命令行可以通过选择夹点或输入关联(AS)/方法(M)/基点(B)/切向(T)/项目(I)/行(R)/层(L)/对齐项目(A)/Z方向(Z)对路径阵列进行编辑。

当输入关联(AS)并回车时,命令行提示:

创建关联阵列[是(Y)/否(N)]<是>:(默认矩阵关联)

当输入方法(M)并回车时,命令行提示:

输入路径方法[定数等分(D)/定距等分(M)]<定距等分>:(默认选择定距等分)

当输入基点(B)并回车时,命令行提示:

指定基点或[关键点(K)]<路径曲线的终点>:

当输入切向(T)并回车时,命令行提示:

指定切向矢量的第一个点或[法线(N)]:

指定切向矢量的第二个点:

当输入项目(I)并回车时,命令行提示:

指定沿路径的项目之间的距离或[表达式(E)]<当前>:

最大项目数＝当前

指定项目数或[填写完整路径(F)/表达式(E)]<当前>:

当输入行(R)并回车时,命令行提示:

输入行数或[表达式(E)]<1>:

指定行数之间的距离或[总计(T)/表达式(E)]<当前>:

指定行数之间的标高增量或[表达式(E)]<0>:

当输入层(L)并回车时,命令行提示:

输入层数或[表达式(E)]<1>:

是否将阵列项目与路径对齐? [是(Y)/否(N)]<是>:

当输入方向(Z)时,命令行提示:

是否对阵列中的所有项目保持Z方向? [是(Y)/否(N)]<是>:

同时在选项卡中上会出现"阵列创建"选项卡及功能面板,如图 4-14 所示,也可以在

"路径阵列"功能面板进行编辑处理,在"路径阵列"功能面板上对矩形阵列进行编辑处理显得更直观方便,为推荐方法。路径阵列完成之后用鼠标左键点击关联路径矩阵,出现如图 4-15 所示的"路径阵列"编辑面板,可以再次对路径矩阵进行编辑。

图 4-14 "路径阵列"功能面板

图 4-15 "路径阵列"编辑面板

【例 4-5】   如图 4-16 所示,通过环形阵列得到图 4-16(b)所示的效果。

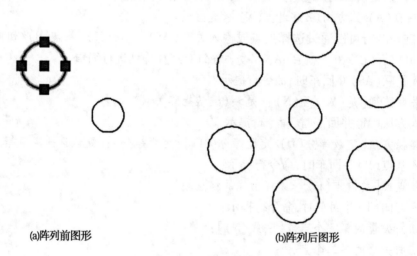

(a)阵列前图形   (b)阵列后图形

图 4-16 环形阵列效果

操作步骤如下:

命令:ARRAY

选择对象:(选择阵列圆形对象)

类型=极轴   关联=是

指定阵列的中心点或[基点(B)/旋转轴(A)]:

选择夹点以编辑阵列或[关联(AS)/基点(B)/项目(I)/项目间角度(A)/填充角度(F)/行(ROW)/层(L)/旋转项目(ROT)/退出(X)]<退出>:

可以通过选择夹点编辑或输入关联(AS)/基点(B)/项目(I)/项目间角度(A)/填充角度(F)/行(ROW)/层(L)/旋转项目(ROT)/对环形阵列进行编辑。

当输入关联(AS)并回车时,命令行提示:

创建关联阵列[是(Y)/否(N)]<是>:

当输入基点(B)并回车时,命令行提示:

指定基点或[关键点(K)]<质心>:

当输入项目(I)并回车时,命令行提示:

输入阵列中的项目数或[表达式(E)]<6>:

当输入项目间角度(A)并回车时,命令行提示:

指定项目间的角度或[表达式(EX)]<60>:

当输入填充角度(F)并回车时,命令行提示:

指定填充角度(+=逆时针、-=顺时针)或[表达式(EX)]<360>:

当输入行(ROW)并回车时,命令行提示:

输入行数或[表达式(E)]<1>:

指定行数之间的距离或[总计(T)/表达式(E)]<3680.8751>:

指定行数之间的标高增量或[表达式(E)]<0>:

当输入层(L)并回车时,命令行提示:

输入层数或[表达式(E)]<1>:

指定层之间的距离或[总计(T)/表达式(E)]<1>:

当输入旋转项目(ROT)并回车时,命令行提示:

是否旋转阵列项目? [是(Y)/否(N)]<是>:

同时,在选项卡中上会出现"阵列创建"选项卡及功能面板,如图4-17所示,也可以在"环形阵列"功能面板进行编辑处理,在"环形阵列"功能面板上对矩形阵列进行编辑处理显得更直观方便,为推荐方法,环形阵列完成之后用鼠标左键点击关联环形矩阵,出现如图4-18所示的"环形阵列"编辑面板,可以再次对环形矩阵进行编辑。

图4-17　"环形阵列"功能面板

图4-18　"环形阵列"编辑面板

创建矩形阵列当然也可以通过 ARRAYCLASSIC 命令使用传统对话框创建阵列。操作步骤如下:

命令:ARRAYCLASSIC

命令执行后,系统会弹出"阵列"对话框,如图4-19所示。

环形阵列需要指定中心点,中心点可以通过拾取按钮 在图上拾取,也可以输入已知的坐标值。阵列的"方法和值"也可以在对话框中有如图4-20所示的三种方法设置:项目总数和填充角度、项目总数和项目间的角度、填充角度和项目间的角度,对话框中复制时旋转项目①可以根据需要在前面打"√"。

关于矩阵大小是有限制的,一个可以由 ARRAY 命令生成的阵列元素数目限制在100 000个左右。此限制由注册表中的 MaxArray 设置控制。指定较大数量的阵列项目可能需要花费很长时间。使用此方法可重置一个可以由 ARRAY 命令生成的阵列元素的数量。

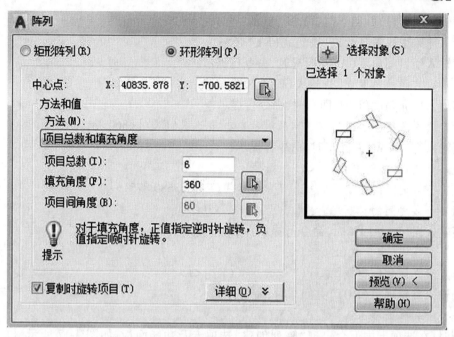

图 4-19　"阵列"对话框中的"环形阵列"选项卡

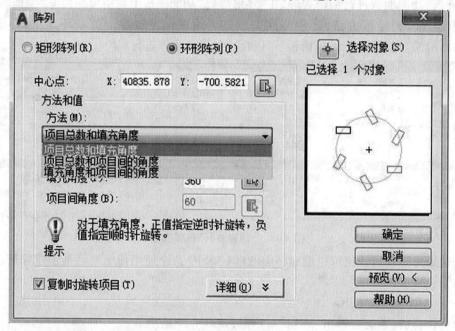

图 4-20　"阵列"对话框中的"环形阵列"选项卡——阵列方法选择

在命令提示下,输入

(setenv "MaxArray" "n")

其中,n 是 100 到 10 000 000(一千万)之间的数字。

注:更改 MaxArray 的值时,必须按显示的 MaxArray 的大小写形式输入。

任务三　改变对象位置

当绘制的图形对象不在所需要的位置时,需要移动对象或按照角度旋转来修改对象。

一、移动

移动命令可以将对象从原位置按照指定的角度和方向进行移动。在角度和方向已知时可以使用坐标直接精确移动;在未知时,如果要素可以在图中捕捉到,则可以选择对象捕捉等其他工具精确移动。

(一)命令调用常用方法

(1)命令行输入"MOVE",按 Enter 键。

(2)菜单栏:"修改"→"移动"。

(3)功能区:"默认"选项卡→"修改"面板→"移动"按钮 ✛ 移动 。

选择对象:(选择要移动的对象)

选择对象:

指定基点或[位移(D)]<位移>:

指定第二个点或<使用第一个点作为位移>:

根据命令提示,用鼠标左键在绘图区拾取移动对象的任意一点或某个特征点作为基点,再拾取到需要移动到的点位,即实现了对象的移动。

(二)命令执行示例

【例4-6】　将图4-21(a)所示圆移动到矩形中心。

命令操作步骤如下:

选择对象:(选择圆对象)

选择对象:(回车结束选择)

指定基点或[位移(D)]<位移>:(捕捉圆心作为位移的基点)

指定第二个点或<使用第一个点作为位移>:(打开对象捕捉中的几何中心,捕捉矩形几何中心)

操作过程和结果如图4-21(a)、(b)所示。

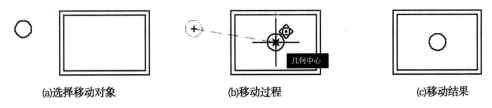

(a)选择移动对象　　　　　　　(b)移动过程　　　　　　　　(c)移动结果

图4-21　"移动"效果

二、旋转

旋转命令能够使绘制的图形对象绕指定的基点旋转。

(一)命令调用常用方法

(1)命令行输入"ROTATE",按 Enter 键;

（2）菜单栏:"修改"→"旋转";

（3）功能区:"默认"选项卡→"修改"面板→"旋转"按钮 ○ 旋转。

（二）命令执行过程

UCS 当前的正角方向: 　ANGDIR＝逆时针　ANGBASE＝0

选择对象:（选取旋转对象）

选择对象:（可继续选取对象或直接回车）

指定基点:

指定旋转角度,或[复制（C）/参照（R）]<0>:

根据命令提示,可直接输入旋转角度,也可以将对象在源对象不删除的情况下旋转复制到新位置或者参照模式旋转。

【例 4-7】　将图 4-22（a）所示对象旋转 90°到图 4-22（b）的位置。

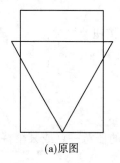　　　　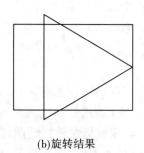

（a）原图　　　　　　　　　（b）旋转结果

图 4-22　旋转并复制对象

操作步骤如下:

命令:ROTATE

UCS 当前的正角方向:ANGDIR＝逆时针　ANGBASE＝0

选择对象:指定对角点:找到 2 个

选择对象:（使用交叉窗口选定对象）

指定基点:（选择矩形的几何中心）

指定旋转角度,或[复制（C）/参照（R）]<0>:90

一般情况下,输入旋转角度值（0°~360°）,AutoCAD 默认角度正值是按逆时针旋转对象,负值是按顺时针旋转对象,可以在"图形单位"对话框中对角度方向进行设置。

如需要在图中复制出一个与原图形成一定角度的图形,可进行旋转复制。

【例 4-8】　将图 4-23（a）所示对象旋转复制到图 4-23（b）的位置。

操作步骤如下:

命令:ROTATE

UCS 当前的正角方向:ANGDIR＝逆时针　ANGBASE＝0

选择对象:指定对角点:找到 2 个

选择对象:（使用交叉窗口选定对象）

指定基点:（选择矩形的几何中心）

指定旋转角度,或[复制（C）/参照（R）]<0>:C

旋转一组选定对象

指定旋转角度,或[复制(C)/参照(R)]<0>:90

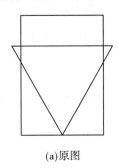
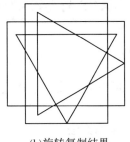

(a)原图 (b)旋转复制结果

图 4-23 旋转复制实现过程

输入参照(R),可以将选定的对象从指定参照角度旋转到绝对角度,或从原位置旋转到参照角度位置。

【例 4-9】 将图 4-24(a)所示对象,参照模式旋转中指定参照对象到图 4-24(b)所示的位置。

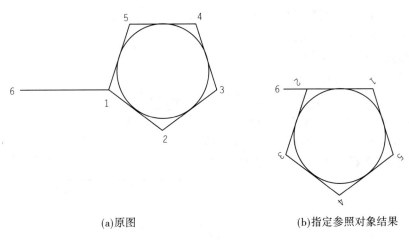

(a)原图 (b)指定参照对象结果

图 4-24 参照模式旋转结果

操作步骤如下:

命令:ROTATE

UCS 当前的正角方向:ANGDIR=逆时针 ANGBASE=0

选择对象:指定对角点:找到 6 个

选择对象:找到 1 个,总计 7 个

选择对象:

指定基点:(用鼠标拾取 1 点)

指定旋转角度,或[复制(C)/参照(R)]<90>:R

指定参照角<90>:(用鼠标拾取 1 点)

指定第二点:(用鼠标拾取 2 点)

指定新角度或[点(P)]<0>:(用鼠标拾取 6 点)

操作结果如图 4-24(b)所示。

任务四　改变对象大小

一、比例缩放

比例缩放命令可以放大或缩小选定的对象,并使缩放后对象的各部分相对比例保持不变。

(一)命令调用常用方法

(1)命令行输入"SCALE",按 Enter 键;

(2)菜单栏:"修改"→"缩放";

(3)功能区:"默认"选项卡→"修改"面板→"缩放"按钮 缩放 。

(二)命令执行过程

选择对象:(用鼠标选中对象,并回车)

指定基点:(用鼠标左键拾取缩放基点)

指定比例因子或[复制(C)/参照(R)]:

在此进行缩放的三种方法如下:

(1)按指定比例因子缩放。

执行命令后,命令行提示:

选择对象:[用窗口选中图 4-25(a)所示对象,并回车]

指定基点:(用鼠标左键拾取矩形中心)

指定比例因子或[复制(C)/参照(R)]:1.5

图 4-25 为按指定比例因子缩放效果。

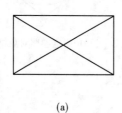
(a)

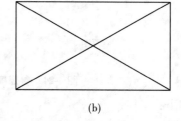
(b)

图 4-25　按指定比例因子缩放效果

注:比例因子的数值小于 1 为缩小,大于 1 为放大。

(2)复制缩放。

执行命令后,命令行提示:

选择对象:[用鼠标选中图 4-25(b)所示对象,并回车]

指定基点:(用鼠标左键拾取缩放基点)

指定比例因子或[复制(C)/参照(R)]:C

缩放一组选定对象

指定比例因子或[复制(C)/参照(R)]:1.5

图 4-26 为复制缩放效果。

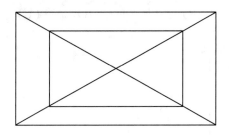

图 4-26　复制缩放效果

（3）参照缩放。

执行命令后，命令行提示：

选择对象：（用鼠标选中矩形 abcd，并回车）

选择对象：

指定基点：（用鼠标选择 a 点）

指定比例因子或［复制（C）/参照（R）］：R

指定参照长度<9842.7778>：（用鼠标拾取 a 点）

指定第二点：（用鼠标拾取 b 点）

指定新的长度或［点（P）］<1.0000>：（用鼠标拾取 2 点）

图 4-27 中（a）为参照缩放前的图形，（b）为参照缩放后的图形。

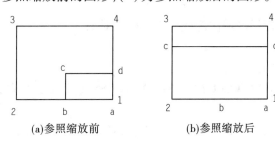

(a)参照缩放前　　　　　　　(b)参照缩放后

图 4-27　参照缩放效果

二、修剪

在绘图过程中经常会遇到需要以某个边为界删除多余的部分，则可用修剪命令。

（一）命令调用常用方法

（1）命令行输入"TRIM"，按 Enter 键；

（2）菜单栏："修改"→"修剪"；

（3）功能区："默认"选项卡→"修改"面板→"修剪"按钮 ⊬ 修剪 。

（二）命令执行过程

当前设置：投影＝UCS，边＝无

选择剪切边…

选择对象或<全部选择>：（用鼠标拾取对象）

选择对象：

选择要修剪的对象，或按住 Shift 键选择要延伸的对象，或

［栏选（F）/窗交（C）/投影（P）/边（E）/删除（R）/放弃（U）］：

图 4-28 为修剪实例。

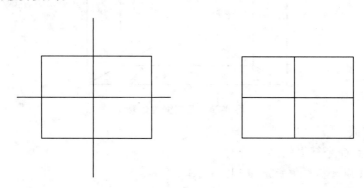

图 4-28   修剪实例

另外,命令行提示"［栏选（F）/窗交（C）/投影（P）/边（E）/删除（R）/放弃（U）］:"中各选项作用如下:

(1)栏选(F)。

在要剪切的对象都与某些直线相交的情况下,选择该选项。选择栏不构成闭合环,是由一系列两个或多个栏选点指定的临时直线段。

(2)窗交(C)。

选择由两点确定的矩形区域内部或与它相交的对象。

(3)投影(P)。

指定修剪对象使用的投影方法。

输入投影选项［无(N)/UCS(U)/视图(V)］<UCS>:(输入选项或按 Enter 键)

(4)边(E)。

确定对象是在另一对象的延长边处进行修剪,还是只在三维空间中与其实际相交的对象处修剪。命令行提示:

输入隐含边延伸模式［延伸(E)/不延伸(N)/］<当前>:输入选项或按 Enter 键

(5)删除(R)。可选择要删除的对象,按 Enter 键后所选对象被删除。

(6)放弃(U)。放弃最近由修剪命令所做的更改。

三、延伸

此命令用于当某些图形对象的长度没有达到某个位置的情况。

(一)命令调用常用方法

(1)命令行输入"EXTEND",按 Enter 键;

(2)菜单栏:"修改"→"延伸";

(3)功能区:"默认"选项卡→"修改"面板→"修剪"按钮·--/延伸 。

(二)命令执行过程

当前设置:投影=无,边=无

选择边界的边…

选择对象或<全部选择>:指定对角点:(用鼠标拾取矩形)

选择对象：

选择要延伸的对象，或按住 Shift 键选择要修剪的对象，或

[栏选(F)/窗交(C)/投影(P)/边(E)/放弃(U)]：

选择要延伸的对象，或按住 Shift 键选择要修剪的对象，或

[栏选(F)/窗交(C)/投影(P)/边(E)/放弃(U)]：

图 4-29 为延伸实例。

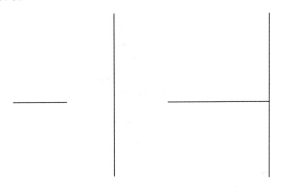

图 4-29　延伸实例

注：修剪命令与延伸命令可以交替使用，即当执行修剪命令，按住 Shift 键，选择要修剪的对象，则选择对象被延伸。相反，当执行延伸命令时，按住 Shift 键选择的对象被修剪。

四、拉伸

拉伸是对选中的节点进行拉伸。通过单击选择拉伸对象只被平移，不被拉伸。通过框选的拉伸对象，如果所有夹点都落入选择框内，图形将被平移；如果部分夹点落入选择框内，图形将被沿着拉伸位移拉伸。

（一）命令调用常用方法

（1）命令行输入"STRETCH"，按 Enter 键；

（2）菜单栏："修改"→"拉伸"；

（3）功能区："默认"选项卡→"修改"面板→"拉伸"按钮 拉伸。

（二）命令执行过程

选择要拉伸的对象…

选择对象：指定对角点：（用框选选中若干对象）

选择对象：

指定基点或[位移(D)]<位移>：（用鼠标左键拾取一基点）

指定第二个点或<使用第一个点作为位移>：（用鼠标左键拾取第二个点）

其中，基点和位移可供两个选项选择：

（1）基点，指移动时的基本依据点，在绘图区指定一点按此项进行，在命令行提示下指定第二点，由交叉窗口选定的对象由原基点拉伸到第二个点所在的位置。

（2）位移，命令行输入 D 并按 Enter 键，命令行提示：

指定位移<0.0000，0.0000，0.0000>：（输入坐标值）

以笛卡儿坐标值、极坐标值、柱坐标值或球坐标值的形式输入位移。

【例4-10】 将图4-30(a)所示对象经过图4-30(b)拉伸到图4-30(c)的位置。

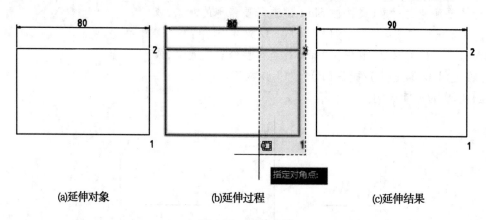

(a)延伸对象   (b)延伸过程   (c)延伸结果

图4-30   拉伸实例

操作步骤如下:

命令:STRETCH

命令执行后,命令行提示:

以交叉窗口或交叉多边形选择要拉伸的对象…

选择对象:指定对角点:找到 4 个

选择对象:(用交叉窗口方式选择需要拉伸的对象)

指定基点或[位移(D)]<位移>:(用鼠标点击1点)

指定第二个点或<使用第一个点作为位移>:@10,0

完成拉伸后,得到图4-30(c)所示的效果。

五、拉长

此命令可对对象进行拉长操作,可以更改指定为百分比、增量或最终长度或角度。能拉长的对象有直线、圆弧、椭圆弧等。

(一)命令调用常用方法

(1)命令行输入"LENGTHEN",按 Enter 键;

(2)菜单栏:"修改"→"拉长";

(3)功能区:"默认"选项卡→"修改"面板→"拉长"按钮。

(二)命令执行过程

选择要测量的对象或[增量(DE)/百分比(P)/总计(T)/动态(DY)]<总计(T)>:(用鼠标拾取对象)

当前长度:3212.5702(当前对象长度量或角度量)

选择要测量的对象或[增量(DE)/百分比(P)/总计(T)/动态(DY)]<总计(T)>:(选择一个对象或输入选项)

通过增量(DE)/百分比(P)/总计(T)/动态(DY)选项,命令提示行中各项含义如下。

1.选择对象

选中该项并按 Enter 键后显示:

选择要测量的对象或[增量(DE)/百分比(P)/总计(T)/动态(DY)]<总计(T)>:

当前长度:12198.1321,夹角:118

选择要测量的对象或[增量(DE)/百分比(P)/总计(T)/动态(DY)]<总计(T)>:

2.增量(DE)

以指定的增量修改对象的长度,该增量从距离选择点最近的端点处开始测量。差值还以指定的增量修改圆弧的角度,该增量从距离选择点最近的端点处开始测量。正值扩展对象,负值修剪对象。输入 DE 并按 Enter 键,命令行提示:

输入长度增量或[角度(A)]<当前>:(长度差值或 A)

(1)输入长度增量。以指定的增量修改对象的长度。

命令行提示:

选择要修改的对象或[放弃(U)]:(选择一个对象或输入 U)

(2)输入角度(A)。以指定的角度修改选定圆弧的包含角。命令行提示:

输入角度增量<当前角度>:(输入角度增量或按 Enter 键)

选择要修改的对象或[放弃(U)]:(选择一个对象)

提示将一直重复,直到按 Enter 键结束命令。

3.百分比(P)

通过指定对象总长度的百分数设定对象长度。输入 P 后,命令行提示:

输入长度百分数<当前>:(输入非零正值或按 Enter 键)

选择要修改的对象或[放弃(U)键]:(选择一个对象)

提示将一直重复,直到按 Enter 键结束命令。

4.总计(T)

通过指定从固定端点测量的总长度的绝对值来设定选定对象的长度。"全部"选项也按照指定的总角度设置选定圆弧的包含角。输入 T 后,命令行提示:

指定总长度或[角度(A)]<当前>:(长度值(非零正值或 a 或按 Enter 键))

(1)总长度。此提示意指将对象从离选择点最近的端点拉长到指定值。

(2)角度(A)。此项设定选定圆弧的包含角。

5.动态(DY)

打开动态拖动模式。通过拖动选定对象的端点之一来更改其长度。其他端点保持不变。

任务五　其他编辑工具

一、打断

(一)命令调用常用方法和执行过程

1.命令调用常用方法

(1)命令行输入"BREAK",按 Enter 键;

(2)菜单栏:"修改"→"打断";

(3)功能区:"默认"选项卡→"修改"面板上的下拉箭头 ▼ →"打断"按钮。

2.命令执行过程

选择对象:(用鼠标左键点击选取或点击直线上某一需要位置作为第一个打断点位置)

指定第二个打断点或[第一点(F)]:(点击直线上另一位置作第二个打断点位置)

在"选择对象"提示下,如果用鼠标点击了直线上某位置作为第一个打断点位置,在第二行提示下,直接点击直线上另一个位置,这时两点之间已经打断。如输入了F,则认为在第一行提示下仅选择了对象,需重新选择第一个打断点。在输入F后命令行的提示如下:

指定第一个打断点:(用鼠标左键选中第一点)

指定第二个打断点:(用鼠标左键选中第二点)

(二)打断于点

此命令可以在单个点处打断选定的对象,但不能在一点处打断部分闭合曲线型的对象。

1.命令调用常用方法

(1)命令行输入"BREAK",按 Enter 键;

(2)功能区:"默认"选项卡→"修改"面板上的下拉箭头 ▼ →"打断于点"按钮 ⌐。

2.命令执行过程

选择对象:(用鼠标左键选择对象)

指定第二个打断点或[第一点(F)]:F(系统自动输入F)

指定第一个打断点:(用鼠标点击第一个打断点)

指定第二个打断点:@(系统默认输入"@",则将对象在选择对象时的拾取点处一分为二,而不删除其中的任何部分)

注:该结果也可通过"打断于点"命令实现。"打断"命令和"打断于点"命令都是BREAK,不同之处在于"打断于点"命令,系统要求用户只能指定一个打断点,而"打断"命令可以指定第一点或者把选择对象时点击的点作为第一点,也可以指定第二点。

对于圆、矩形等封闭图形使用"打断"命令时,如在图 4-31 所示图形中,使用打断命令时,单击 A 和 B 与单击 B 和 A 产生的效果是不同的。

可以打断的对象包括直线、圆(弧)、椭圆(弧)、多段线、样条曲线、射线、构造线、圆环。

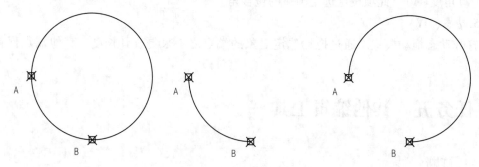

图 4-31　打断图形

二、合并

合并命令可以把能够首尾相接的几段直线或圆弧与多段线合并为一个图形单元。

（一）命令调用常用方法

（1）命令行输入"JOIN"，按 Enter 键；

（2）菜单栏："修改"→"合并"；

（3）功能区："默认"选项卡→"修改"面板上的下拉箭头 ▼ →"合并"按钮 ⊶ 。

（二）命令执行过程

选择源对象或要一次合并的多个对象：（有效对象包括直线、圆弧、椭圆弧、多段线、三维多段线和样条曲线）

选择要合并的对象：（选中支持的对象）

注：选择的源对象不同，提示有所不同，要求也不同，如图 4-32 所示。

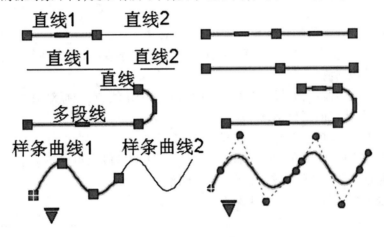

图 4-32　合并对象

（1）与直线合并的对象要求必须共线，它们之间可以有间隙。

（2）与多段线合并的对象可以是直线、多段线或圆弧，对象之间不能有间隙和重叠，应首尾相接。

（3）与圆弧（椭圆弧）合并的对象必须位于同一假想的圆（同一椭圆）上，它们之间可以有间隙，且从源对象开始按逆时针方向合并圆弧，如图 4-33 所示。

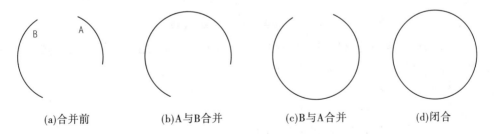

(a)合并前　　　(b)A与B合并　　　(c)B与A合并　　　(d)闭合

图 4-33　合并圆弧

（4）与样条曲线和螺旋合并的对象必须相接（端点对端点），结果是单个样条曲线。

三、倒角

此命令可以对二维多段线、直线、射线、样条曲线、构造线等进行操作。

（一）命令调用常用方法

（1）命令行输入"CHAMFER"，按 Enter 键；

（2）菜单栏："修改"→"倒角"；

（3）功能区："默认"选项卡→"修改"面板上的 ◁ ·右侧的下拉箭头→◻倒角。

（二）命令执行过程

（"修剪"模式）当前倒角距离 1 =（当前），距离 2 =（当前）

选择第一条直线或[放弃（U）/多段线（P）/距离（D）/角度（A）/修剪（T）/方式（E）/多个（M）]：

选择第二条直线，或按住 Shift 键选择直线以应用角点或[距离（D）/角度（A）/方法（M）]：

命令行提示的若干项含义如下：

（1）选择第一条直线。此项是直接指定倒角的第一条直线，此直线将被修剪当前倒角距离 1 等号后的距离值。

当选择直线或多段线，如果需要调整长度以适应倒角线，在选择对象时，可以按住 Shift 键，用使用值来替代当前倒角距离。

（2）放弃（U）。此项是恢复上一步操作。

（3）多段线（P）。此项在命令行输入 p 之后，相交的多段线顶点被倒角，但是如果倒角距离过大且超过了多段线的距离，则无法实现倒角。

用多段线进行倒角效果，如图 4-34 所示。

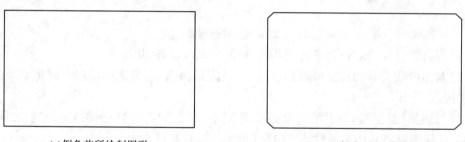

(a)倒角前所绘制图形　　　　　　　　　　(b)倒角后的多段线

图 4-34　用多段线进行倒角效果

（4）距离（D）。该项是形成的成角度线基于两个距离值，用于设置倒角至选定边的端点之间的距离。在命令行输入 D，提示如下：

指定第一个倒角距离<当前>：（输入需要的距离值）

指定第二个倒角距离<当前>：（输入需要的距离值）

用距离选项进行倒角效果如图 4-35 所示。

（5）角度（A）。此选项是用第一条直线的倒角距离和第二条直线与水平方向的夹角设置成倒角。在命令行输入 A 后，提示如下：

指定第一条直线的倒角长度<当前>：（用鼠标指定第一点）

指定第二点：（用鼠标指定第二点）

指定第一条直线的倒角角度<当前>：（指定倒角角度值）

选择第一条直线或[放弃（U）/多段线（P）/距离（D）/角度（A）/修剪（T）/方式（E）/多

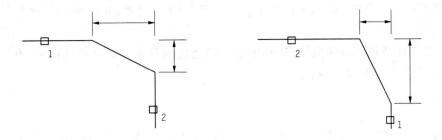

图 4-35　距离选项进行倒角效果

个(M)]:

选择第二条直线,或按住 Shift 键选择直线以应用角点或[距离(D)/角度(A)/方法(M)]:

用角度选项进行倒角效果如图 4-36 所示。

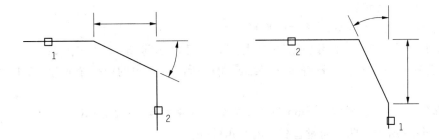

图 4-36　用角度选项进行倒角效果

(6)修剪(T)。此项用于控制倒角是否将选定的边修剪到倒角直线的端点位置。输入 T 后,命令行提示如下:

输入修剪模式选项[修剪(T)/不修剪(N)]<当前>:

默认情况下,选择用来定义倒角的对象将被修剪或延伸至形成的成角度线。可以使用"修剪"选项指定是更改选定的对象还是不作更改。如图 4-37 所示为修剪模式的两种情况。

图 4-37　用"修剪"选项进行倒角效果

如果"修剪"选项处于启用状态,并且已选定多段线的两条线段,则添加的倒角或斜角将与该多段线相连,从而形成一条新线段。

(7)方式(E)。控制倒角是使用的两个距离还是一个距离和一个角度来创建。

输入修剪方法[距离(D)/角度(A)]<当前>:(输入 D 或者 A)

(8)多个(M)。此项为多组对象的边的倒角。

输入 M 后,命令行提示如下:

选择第一条直线或[放弃(U)/多段线(P)/距离(D)/角度(A)/修剪(T)/方式(E)/多个(M)]:

注:如果距离值和角度值均设为 0(零),则选定的对象将被修剪或延伸,直到它们相交,且不创建任何成角度的线。

四、圆角

此命令可以对二维多段线、圆弧、圆、椭圆和椭圆弧、直线、射线、样条曲线和构造线进行圆角操作。

(一)命令调用常用方法

(1)命令行输入"FILLET",按 Enter 键;

(2)菜单栏:"修改"→"圆角";

(3)功能区:"默认"选项卡→"修改"面板上的 ⬜ · 右侧的下拉箭头→⬜ 圆角 。

(二)命令执行过程

当前设置:模式=修剪,半径=0.0000

选择第一个对象或[放弃(U)/多段线(P)/半径(R)/修剪(T)/多个(M)]:

(1)选择第一个对象。选择定义二维圆角中所需对象中的第一个对象,选中后命令行提示:

选择第二个对象,或按住 Shift 键选择对象以应用角点或[半径(R)]:

如图 4-38 所示为两个向量直线段的圆角效果。

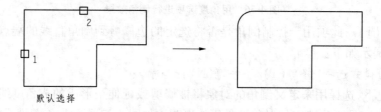

图 4-38　两个向量直线段的圆角效果

如图 4-39 所示为选择直线和圆弧的圆角效果。

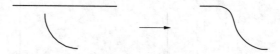

图 4-39　选择直线和圆弧的圆角效果

如图 4-40 所示为圆之间的一种圆角效果。

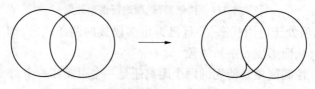

图 4-40　圆之间的一种圆角效果

（2）放弃（U）。恢复上一步操作。

（3）多段线（P）。此命令是对二维多段线加圆角，输入 P 后命令行提示如下：

选择二维多段线或［半径（R）］：

如图 4-41 所示为二维多段线直接的圆角效果。

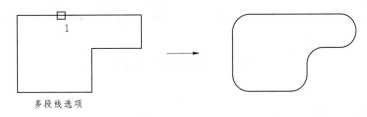

图 4-41　二维多段线直接的圆角效果

（4）半径（R）。此项命令用于设置圆角半径。设置的半径将成为后续圆角命令的半径，修改了该项值并不影响现有圆角半径的大小。输入 R 后命令行提示如下：

指定圆角半径<当前>：（输入圆角半径）

（5）修剪（T）。此项命令用于判断是否将选定的边修到圆角弧的端点。输入 T 后，命令行提示：

输入修剪模式选项［修剪（T）/不修剪（N）］<当前>：（输入 T 或者 N）

（6）多个（M）。此项命令是为多组对象的边倒圆角，直至用户按 Enter 键结束。输入 M 后，命令行提示：

选择第一个对象或［放弃（U）/多段线（P）/半径（R）/修剪（T）/多个（M）］：

五、分解

此命令也可称为炸开命令，可以分解多段线、标注、图案填充或块参照等合成对象，将其转换为单个的元素。例如，分解多段线将其分为简单的线段和圆弧。分解块参照或关联标注使其替换为组成块或标注的对象副本。分解命令的操作方法如下。

（一）命令调用常用方法

（1）命令行输入"EXPLODE"，按 Enter 键；

（2）菜单栏："修改"→"分解"；

（3）功能区："默认"选项卡→"修改"面板→"分解"按钮→📦。

（二）命令执行过程

选择对象：（选中一个要分解的对象）

按 Enter 键之后，此对象就被分解。

图 4-42（a）为一个矩形整体对象，需要分解为若干个对象。具体操作如下：

功能区："默认"选项卡→"修改"面板→"分解"按钮→📦。

命令行：EXPLODE

命令执行后，命令行提示：

选择对象：（用鼠标选中要分解的对象）

按 Enter 键之后，出现如图 4-42（b）所示的被分解为若干线段的对象。

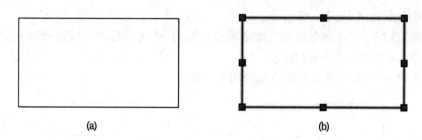

图 4-42　把矩形"分解"为线段

■ 小　结

　　本项目详细介绍 AutoCAD 2018 中选择对象、二维图形编辑基本操作的内容。通过本项目的学习,读者可以利用基本编辑命令:复制、删除、镜像、偏移、阵列、移动、旋转、缩放、修剪、延伸、拉伸、拉长、打断、合并、倒角、圆角、分解等对二维图形进行修改编辑,以满足相关图形编辑的需要。

■ 典型实例

　　1.使用圆、椭圆、正多边形及打断、圆角等命令绘制图 4-43 所示图形。

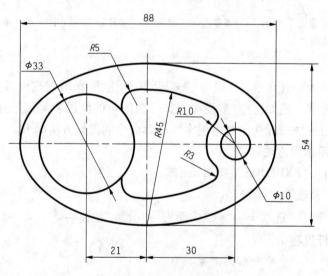

图 4-43　典型实例题 1 图例

　　作图步骤提示见图 4-44。

　　2.分析平面图形的连接关系,使用直线、圆弧及偏移、打断、修剪、删除、缩放等命令,用1∶2比例绘制图 4-45 所示图形。

　　作图步骤提示见图 4-46。

　　3.使用圆、矩形、偏移、阵列、修剪等命令绘制图 4-47 所示图形。

　　4.使用直线、定距等分及复制、移动、修剪等命令绘制图 4-48 所示台阶。

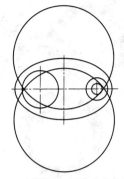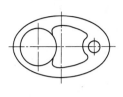

(a)用直线、偏移命令绘制　　　　　　(b)用椭圆、圆命令绘制　　　　　　(c)用圆角、打断命令绘制

图 4-44　典型实例题 1 作图步骤

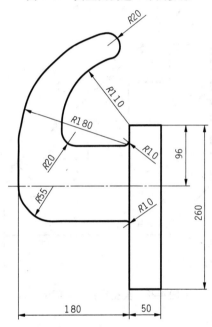

图 4-45　典型实例题 2 图例

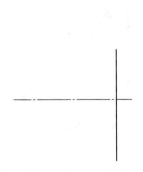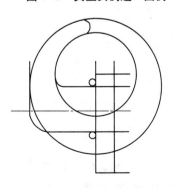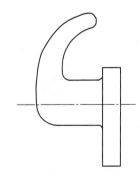

(a)用直线命令绘制　　　　(b)用直线、圆及偏移、　　　　(c)用修剪、打断、
　　　　　　　　　　　　　　　圆角命令绘制　　　　　　　　删除命令绘制

图 4-46　典型实例题 2 作图步骤

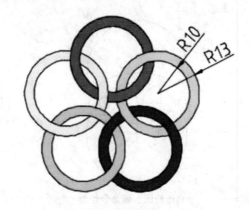

图 4-47　典型实例题 3 图例

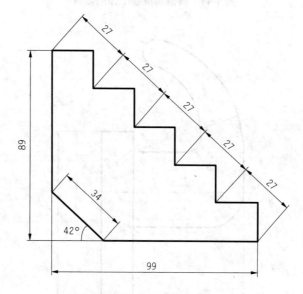

图 4-48　典型实例题 4 图例

作图步骤提示见图 4-49。

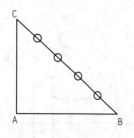
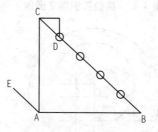
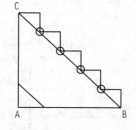

(a)绘制三角形并五等分BC边　　(b)绘制台阶CD及直线AE　　(c)复制台阶及移动EA直线

图 4-49　典型实例题 4 图例

5.使用直线、圆、追踪功能及偏移、修剪、镜像、阵列等命令绘制图 4-50 所示广场图形。作图步骤提示见图 4-51。

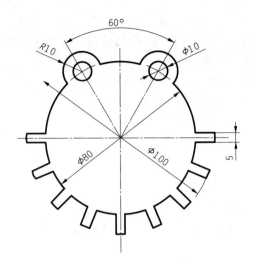

图 4-50　典型实例题 5 图例

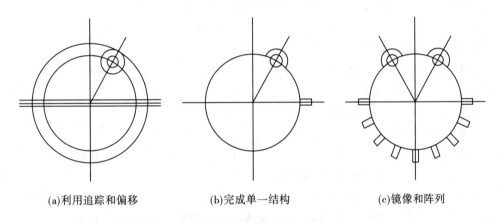

(a)利用追踪和偏移　　　　　(b)完成单一结构　　　　　(c)镜像和阵列

图 4-51　典型实例题 5 作图步骤

6.已知房屋平面图,如图 4-52 所示。现需要将卫生间的水平尺寸由 1 700 改为 2 200,请使用多线命令绘制原图,并使用拉伸命令修改。

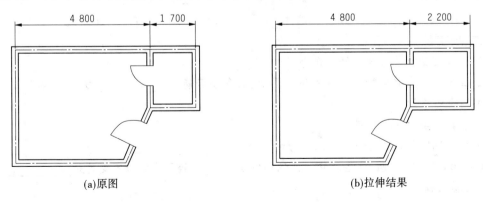

(a)原图　　　　　　　　　　　　(b)拉伸结果

图 4-52　典型实例题 6 图例实例

基本作图步骤如下:

(1)设置 A1 幅面(841×594),用 1∶10 比例作图。墙体厚度 240,其他尺寸自定。

(2)创建多线样式(墙体中线为点画线)。

(3)使用多线编辑工具,修改多线相交处及开门洞。

(4)使用拉伸命令及窗交选择方式修改房间尺寸。

■ 复习思考题

一、选择题

1.下面的操作中不能实现复制操作的是(　　)。

　　A.复制　　　　　　　B.镜像　　　　　　C.偏移　　　　　　D.分解

2.拉长命令的缩写是(　　)。

　　A.S　　　　　　　　B.EX　　　　　　　C.LEN　　　　　　D.BR

3.延伸命令的快捷键是(　　)。

　　A.S　　　　　　　　B.EX　　　　　　　C.LEN　　　　　　D.BR

4.拉伸命令的快捷键是(　　)。

　　A.S　　　　　　　　B.EX　　　　　　　C.LEN　　　　　　D.BR

5.打断命令的快捷键是(　　)。

　　A.S　　　　　　　　B.EX　　　　　　　C.LEN　　　　　　D.BR

6.使用夹点不可能实现(　　)操作。

　　A.打断　　　　　　　B.拉伸　　　　　　C.移动　　　　　　D.旋转

7.下列(　　)不属于阵列工具的类型。

　　A.矩形阵列　　　　　B.圆形阵列　　　　C.环形阵列　　　　D.路径阵列

8.使用"ARRAYCLASSIC"命令时,如需使阵列后的图形向左上角排列,则(　　)。

　　A.行间距为正,列间距为正　　　　　　　B.行间距为负,列间距为负

　　C.行间距为负,列间距为正　　　　　　　D.行间距为正,列间距为负

9.用户在对图形进行编辑时若需要选择所有对象,应输入(　　)。

　　A.夹点编辑　　　　　B.窗口选择　　　　C.All　　　　　　　D.单选

二、填空题

1.可以改变对象长度的修改命令是_____。

2.拉伸命令能够按指定的方向拉伸图形,此命令只能用_____方式选择对象。

3.删除对象的命令是_____。

4.修剪命令的快捷键是_____。

5.AutoCAD 2018 中,移动二维图形的命令是_____。

6.直线、弧、圆、椭圆,这些对象执行偏移命令后,大小和形状保持不变的是_____。

三、思考题

1.二维图形编辑过程中镜像图形对象与镜像文字对象有什么不同?

2.二维图形编辑过程中,旋转命令的"参照(R)"时,指定新角度与指定参照角有什么不同?

项目五　图层设置

图层是 AutoCAD 提供的强大功能之一,使用图层主要有两个好处:一是便于统一管理图形,二是可以通过隐藏、冻结图层统一隐藏、冻结该图层上所有的图形对象,从而为图形的绘制和编辑提供方便。本项目主要讲解图层的创建、管理和线型、线宽及颜色的设置等。

任务一　图层的创建与设置

图层可以想象为没有厚度又完全对齐的若干张透明图纸叠加起来,它们具有相同的坐标、图形界限及显示时的缩放倍数。一个图层具有其自身的属性和状态,图层的属性通常指该图层所特有的线型、颜色、线宽等,而图层的状态则是指其开/关、冻结/解冻、锁定/解锁等。同一图层上的图形元素具有相同的图层属性和状态。

不同图层设置不同的属性能够提高图形的表达能力和可读性,颜色有助于区分图形中相似的元素,线型可以区分不同的绘图元素,线宽则可以表示对象的大小和类型。利用图层状态控制各种图形信息是否显示、修改与输出等,给图形的编辑带来很大的方便。

一、图层的创建

默认情况下,AutoCAD 自动创建一个图层名为"0"的图层。若图形中有标注,AutoCAD 还会自动创建"Defpoints"图层,用于放置标注的定义点,此图层默认被设置为"不打印"。除了"0"层和"Defpoints"层,若要新建图层,常用命令调用方法如下:

(1)命令行输入"LAYER",按 Enter 键;

(2)菜单栏:"格式"→"图层";

(3)功能区:"默认"→"图层"→"图层特性"按钮 。

执行 LAYER 命令后,打开如图 5-1 所示的"图层特性管理器"对话框,通过该对话框内参数设置可创建新图层。

"图层特性管理器"各选项说明如下:

(1)"新建图层"按钮 。单击该按钮即可新建一个图层,显示在对话框右侧的图层列表中。新建图层依次默认名为"图层 1""图层 2""图层 n"。新建图层后可以在"名称"列为图层重命名。图层名最多可用 255 个字符,其中包括字母、数字和特殊字符。输入新名称后,紧接着输入","则可以创建另一个新图层。

(2)"在所有视口中都被冻结的新图层视口"按钮 。创建新图层,然后在所有现有布局视口中将其冻结。可以在"模型"选项卡或"布局"选项卡上访问此按钮。

(3)"删除图层"按钮 。删除所选定的图层。但是 "0"层、"Defpoints"层、包含块或外

图 5-1 "图层特性管理器"对话框

部参照的层以及当前层不能被删除。

(4)"置为当前"按钮。将选定的图层设置为当前图层。设置后只能在当前图层绘制图形。

(5)"新建特性过滤器"按钮。根据图层的一个或多个特性创建过滤器。例如,按照图层颜色,过滤出颜色为黄色的图层,如图 5-2 所示。设置颜色的同时,可以添加其他条件,如图层开关、名称、线型等。

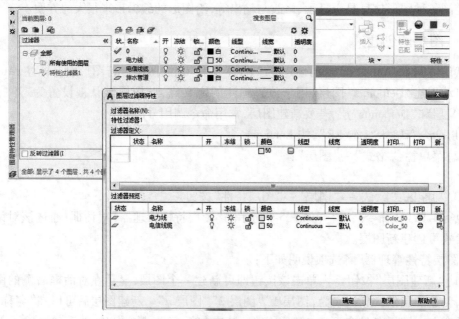

图 5-2 "图层过滤器特性"对话框

(6)"新建组过滤器"按钮。单击该按钮在"图层特性管理器"对话框左侧树状图中将出现"组过滤器 1"选项,可重命名该过滤器的名称,如命名为"地下管线图层"。在树状图中选择"全部"选项,将显示全部图层,然后在列表视图中选择"电信线缆",接着按下 Shift

键的同时单击"排水管道",将这2个图层同时选中,然后拖动其中任意一个图层至"地下管线图层"中。在树状图中选择"地下管线图层"选项,在列表视图中可看到该组过滤器所过滤的2个图层,如图5-3所示。

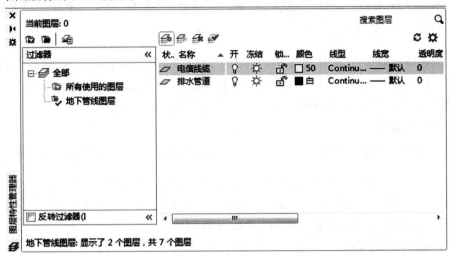

图 5-3　"新建组过滤器"过滤图层

在"图层特性管理器"中启用"反转过滤器"复选框,可显示选择过滤器所过滤图层以外的所有图层。

(7)"图层状态管理器"按钮 。将图层的当前特性设置保存到一个命名的图层状态中,如图5-4所示。

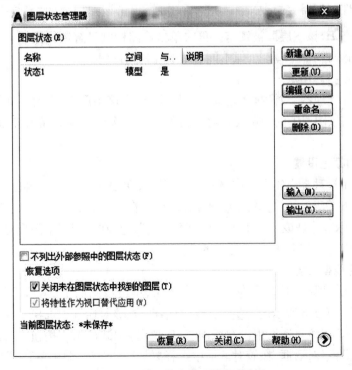

图 5-4　"图层状态管理器"对话框

（8）"刷新"按钮 ❄ 。通过扫描图形中的所有图元来刷新新图层使用信息。

（9）"设置"按钮 ✿ 。单击该按钮，打开"图层设置"对话框，在该对话框设置新图层通知设置，是否将图层过滤器更改应用于"图层"工具栏以及更改图层特性替代的背景色。

二、图层的状态设置

在"图层特性管理器"对话框右侧的列表中，显示图层的当前状态。图层状态包括开/关、冻结/解冻、锁定/解锁、打印/不打印，以及图层的颜色、线型、线宽、打印样式等。在"图层特性管理器"对话框中可直接单击状态图标来完成相应的设置。

（一）开/关图层

在"图层特性管理器"对话框中选择一个图层，单击该图层上"开"列的状态图标 ♀ ，使其变为状态 ♀ ，此时该图层被关闭，再次单击该图标则又打开该图层。关闭该图层后，该图层上的图形将不显示，不能被编辑，也不能被打印。绘制较为复杂的图形时，可根据需要打开或关闭图层，便于观察和编辑其他图层上的对象。

（二）冻结/解冻图层

在"图层特性管理器"对话框中选择一个图层，单击该图层上"冻结"列的状态图标 ☼ ，使其变为状态 ❄ ，该图层即被冻结，再次单击该图标则又解冻该图层。图层冻结后，不但会隐藏该图层上的所有图形，而且不能对该图层进行任何操作，以防止意外删除或修改该图层上的对象。需要注意的是，当前图层不能被冻结，也不能将冻结图层设为当前层。

（三）锁定/解锁图层

在"图层特性管理器"对话框中选择一个图层，单击该图层上的"锁定"列的状态图标 🔓 ，使其变为状态 🔒 ，该图层即被锁定。再次单击该图标则又解锁该图层。锁定图层后，该图层上的图形仍然显示在屏幕上，但不能对其进行任何编辑。

（四）打印/不打印图层

在"图层特性管理器"对话框中选择一个图层，单击该图层上"打印"列的状态图标 ⊜ ，使其变为状态 ⊜ ，该图层上的图层文件将不被打印。再次单击该图标则打印时打印该图层上的图形。

（五）图层的颜色设置

在"图层特性管理器"对话框中选择一个图层，单击该图层上"颜色"列的特性图标 ■白，打开如图 5-5 所示的"选择颜色"对话框，可以在该对话框中选择图层所需的颜色。

图层颜色实际上就是该图层中图形对象默认的颜色，在绘制复杂图形时，可以通过对不同图层设置不同颜色以达到易分辨的目的。

（六）图层的线型设置

在"图层特性管理器"对话框中选择一个图层，单击该图层上的"线型"列的特性图标 Continu...，打开如图 5-6 所示的"选择线型"对话框，在该对话框中选择一种图层所需线型，单击"确定"按钮。若该对话框中没有所需线型，单击"加载（L）…"按钮，打开如图 5-7 所示的"加载或重载线型"对话框，在该对话框中选择要加载的线型，单击"确定"按钮返回"选择线型"对话框。

图 5-5 "选择颜色"对话框

图 5-6 "选择线型"对话框

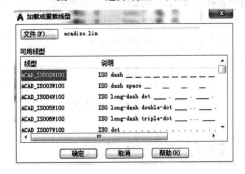

图 5-7 "加载或重载线型"对话框

（七）图层的线宽设置

在"图层特性管理器"对话框中选择一个图层,单击该图层上的"线宽"列的特性图标——**默认**,打开如图 5-8 所示的"线宽"对话框,从该对话框中选择所需要的线宽。

注意:(1)图层的开/关、冻结/解冻、锁定/解锁和颜色设置,也可以直接通过如图 5-9 所示的"图层"工具栏进行设置。在该工具栏中,选中的图层即为当前图层。

(2)图层颜色、线型和线宽设置只是表示该图层的默认颜色、线型和线宽,图形绘制过程中可以对对象的颜色、线型和线宽进行修改,图形绘制完成后也可以对其颜色、线型和线宽进行再编辑。

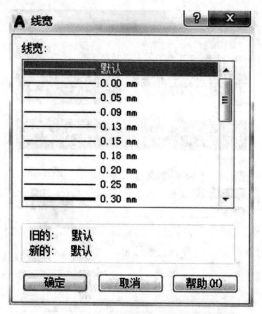

图 5-8　"线宽"对话框

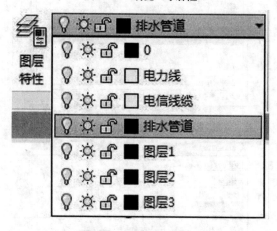

图 5-9　"图层"工具栏

■ 任务二　线型、线宽和颜色设置

一、线型设置

线型是 AutoCAD 图形对象的一个重要特性,一幅图往往由不同的线型构成,在绘图时可根据需要从系统提供的线型库中加载所需线型,也可以自定义线型来满足特殊要求。常用设置线型命令调用方法如下:

(1)命令行输入"LINETYPE",按 Enter 键;

(2)菜单栏:"格式"→"线型";

(3)功能区:"默认"→"特性"→"线型"。

执行以上命令后,弹出"线型管理器"对话框,如图 5-10 所示。

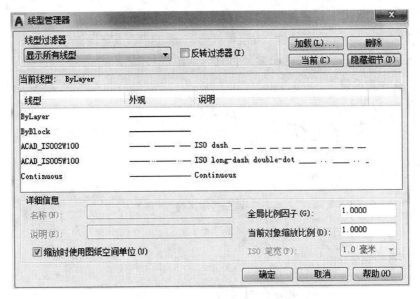

图 5-10 "线型管理器"对话框

"线型管理器"对话框选项说明如下：

(1)"线型过滤器"下拉列表框。用于设置过滤条件,确定在线型列表框中显示哪些线型。

(2)"反转过滤器(I)"复选框。根据与选定的过滤条件相反的条件显示线型。

(3)"加载(L)…"按钮。单击显示"加载或重载线型"对话框,从中可以将"acad.lin"文件中的线型加载到"线型管理器"的线型列表中。

(4)"当前(C)"按钮。将选定线型设置为当前线型。其中"ByLayer"表示当前线型随图层,即当前线型采用当前图层设置的线型;"ByBlock"表示当前线型采用"Continuous"线型,直到它被编辑为块。

(5)"删除"按钮。从列表中删除选中的线型。只能删除未使用的线型,不能删除"ByLayer""ByBlock"和"Continuous"线型。

(6)"隐藏细节(D)"按钮。单击该按钮实现"隐藏细节"与"显示细节"的切换,控制是否显示"详细信息"部分。

(7)"线型"列表。显示已加载的且符合"线型过滤器"指定条件的线型。单击某一线型后点击"当前(C)"按钮,表示将该线型设置为当前线型,在"当前线型"处显示该线型名称。

二、线宽设置

线宽是 AutoCAD 图形的一个基本属性,可以通过图层来进行设置,也可以直接选择对象单独设置线宽,线宽的主要作用是控制图形在打印时线条的宽度。线宽是图形对象的一个基本属性,但不是一个几何属性,线宽设置并不能改变图形的外观和形状。设置线宽命令调用方法如下：

(1)命令行输入"LWEIGHT",按 Enter 键;

(2)菜单栏:"格式"→"线宽";

（3）功能区："默认"→"特性"→"线宽"；

（4）在状态栏"显示/隐藏线宽"按钮 ▰ 处点右键，选择"线宽设置"。

执行以上命令后，弹出"线宽设置"对话框，如图 5-11 所示。

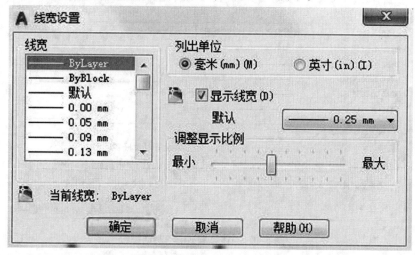

图 5-11 "线宽设置"对话框

"线宽设置"对话框选项说明如下：

（1）"线宽"列表。显示可用线宽值，包括"ByLayer""ByBlock""默认"和标准线宽 0.00、0.05、0.09 等。所有新图层的线宽都有默认值，若要改变，选择需要的线宽，"当前线宽"即显示其线宽名称，点击"确定"按钮即把选择的线宽设置为当前线宽。

（2）"列出单位"指定线宽单位。默认单位是毫米（mm）。单位也可以设置成英寸（in），如果设置成英寸，线宽列表显示 0.000、0.002、0.004 等一系列数值。

注意：AutoCAD 图纸也可以设置成各种不同单位，一个单位可以表示 1 毫米，也可以表示 1 米、1 英寸；而且有时会按照一定比例绘制图纸，打印时也会根据图形和纸张大小选择不同的打印比例，如 1∶1、1∶100、1∶200。无论图形的单位和比例如何设置，"线宽"的单位始终是不变的，要么是毫米，要么是英寸。也就是说，无论图形单位是什么，尺寸多大，是按 1∶1 还是 1∶100 打印，如果打印时线宽设置成 0.3 mm，打印出来线条的宽度都是 0.3 mm。

（3）"显示线宽（D）"复选框。控制线宽是否在当前图形中显示。"默认"控制图层的默认线宽。若"显示线宽"复选框不选择，虽然设置了线宽，但是在图形中依然显示默认值。

（4）"调整显示比例"控制线宽的显示比例。

三、颜色设置

通过颜色设置，可以直观地区分图形对象。图形的颜色可以通过图层指定，也可以单独指定。颜色设置的命令调用方法如下：

（1）命令行输入"COLOR"，按 Enter 键；

（2）菜单栏："格式"→"颜色"；

（3）功能区："默认"→"特性"→"对象颜色"；

执行以上命令后，弹出"选择颜色"对话框，如图 5-12 所示。

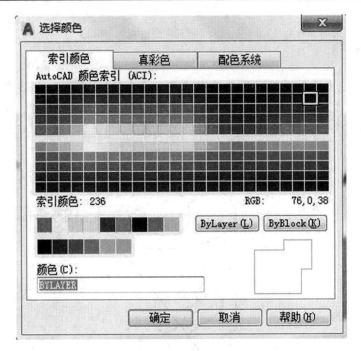

图5-12　"选择颜色"对话框

"选择颜色"对话框选项说明如下：

（1）"索引颜色"（ACI）颜色。ACI 颜色是 AutoCAD 中使用的标准颜色。每种颜色都用它对应的 ACI 编号（1 到 255 之间的整数）表示。编号 1 到 7 代表的是标准颜色：1 红、2 黄、3 绿、4 青、5 蓝、6 洋红、7 白/黑。可以在 256 种颜色中，直接点击某个颜色，也可以在图5-12 所示的位置中，直接输入该颜色的名称或编号，比如要使用绿色，可以输入"绿"或"3"。

（2）"真彩色"。使用 24 位颜色定义显示 1 600 多万种颜色。真彩色有两种颜色模式，即 RGB 模式和 HSL 模式。默认使用 HSL 颜色模式，它通过指定红、绿、蓝色调组合，颜色的饱和度，以及亮度来确定颜色。RGB 颜色模式只能指定颜色的红、绿、蓝色调组合，不能设置饱和度、亮度等因素。

（3）"配色系统"。AutoCAD 包含几种标准 PANTONE 配色系统，以及一些其他配色系统，例如 DIC 色彩指南或 RAL 颜色集等。在配色系统下拉列表中选择需要的配色系统，然后选择需要的颜色即可。

■ 小　结

本项目主要介绍设置图层、线型、线宽和颜色的操作方法。利用图层可以将图形进行分组管理，例如将地形图的数学要素、自然地理要素、社会经济要素、注记和整饰要素等分别放置于不同的图层中，地形图内容丰富时还可将每一要素再分成不同图层。这样可以根据需要开/关、锁定/解锁、冻结/解冻相应的图层，对不同类型的对象分批绘制和编辑。

线型、线宽和颜色能让图形更加形象、美观、易区分。将相同线型、线宽和颜色的图元放置在同一图层上，新建图层时设置一次，则该图层上绘制的所有图元默认都是这一线型、线宽和颜色，绘图和编辑时也可以对它们再做修改。

■ 典型实例

1.绘制图 5-13 所示的图形。其中,轴线颜色为红色,线型为点画线,线宽为 0.05 mm;椭圆颜色为黄色,线型为实线,线宽为 0.05 mm;圆颜色为蓝色,线型为实线,线宽为 0.05 mm。将轴线部分、椭圆部分、圆部分、线部分保存在不同图层上。(不用绘制标注线)

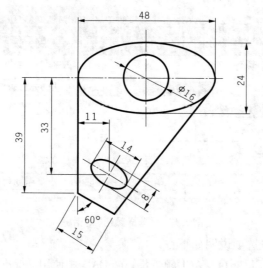

图 5-13　典型实例题 1 图例

操作步骤提示如下:

(1)新建图层,对图层命名,根据要求设置每一图层的线型、线宽、颜色。

(2)选择对应图层设置为当前图层,绘制对应图形内容。

(3)利用 ELLIPSE 命令的"Center"选项绘制倾斜椭圆,其中心点可利用正交偏移捕捉(FROM)确定。

(4)绘制完成后,检查每一图形对象是否在对应的图层上。

(5)保存图形文件。

2.绘制如图 5-14 所示的图形。将轴线部分、圆部分、线部分保存在不同图层上。

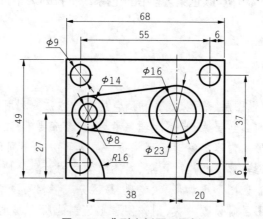

图 5-14　典型实例题 2 图例

■ 复习思考题

1.什么是图层？图层有哪些特性？

2.冻结和关闭图层的区别是什么？

3.怎样为同一图层上的实体设置不同的颜色、线宽和线型？

4.如何才能显示线宽？

5.打开图层特性管理器，创建粗实线图层，设置颜色为"红色"、线型为"Continuous"、线宽为"0.35 mm"，并将该图层锁定。

项目六　尺寸标注

本项目主要讲解运用 AutoCAD 2018 对各种图形的尺寸进行标注,介绍尺寸标注样式的设置方法、不同样式的标注方法、尺寸标注的编辑等基础知识。通过本项目的学习,掌握尺寸标注的概念、标注样式的设置方法及各类尺寸标注,了解尺寸标注的编辑方法。

任务一　基本概念

尺寸标注是工程制图的主要内容之一。通常一个设计过程可分为 4 个阶段:绘图、注释、查看和打印。在注释阶段,设计者要添加一些文字、数字和设计符号以表达有关设计元素的尺寸和设计信息。在设计过程中,绘制图形的根本目的是反映对象的形状,而图形中各个对象的真实大小和相互位置只有经过尺寸标注后才能确定。利用 AutoCAD 2018 提供的尺寸标注和编辑功能,可以方便、准确地标注图样上的各种尺寸。

一、尺寸的组成

工程图形中一个完整的尺寸标注包括四部分:尺寸线、尺寸界线、尺寸起止符号和尺寸数字,如图 6-1 所示。这四部分在 AutoCAD 2018 中,一般是以块的形式作为一个实体存储在图形文件中的。

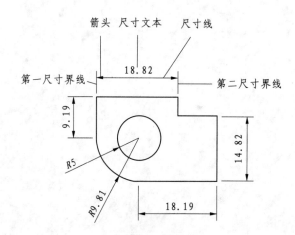

图 6-1　尺寸标注的组成

在建筑制图标准中,对尺寸的各种组成部分的具体要求如下:

(1)尺寸线应用细实线绘制,与被注长度平行。图形本身的任何图线均不得用作尺寸线。

(2)尺寸界线应用细实线绘制,一般应与被注长度垂直,其一端应离开图形轮廓线不小于 2 mm,另一端宜超出尺寸线 2~3 mm。图形轮廓线可以用作尺寸界线。

（3）尺寸起止符号一般用中粗斜短线绘制,其倾斜方向应该与尺寸界线成顺时针45°角,长度宜为2~3 mm,半径、直径、角度与弧长的尺寸起止符号宜用箭头表示。

（4）尺寸数字是实物的实际尺寸,建筑图形中,除标高单位为米外,其余的尺寸单位均为毫米,标注尺寸时不注明单位,只标注数字。尺寸数字不得与任何图线交叉重叠,必要时打断图线,以保证数字清晰。

二、尺寸标注的类型

（1）线性尺寸标注:用于标注长度尺寸,又分为水平标注、垂直标注、旋转标注、对齐标注、基线标注、连续标注。

（2）角度尺寸标注:用于标注角度尺寸,在角度尺寸标注中也可采用基线标注和连续标注两种形式。

（3）直径尺寸标注:用于标注圆或圆弧的直径尺寸,分为直径标注和折弯标注。

（4）半径尺寸标注:用于标注圆或圆弧的半径尺寸,分为半径标注和折弯标注。

（5）弧长尺寸标注:用于标注弧线段或多段线弧线段的弧长尺寸。

（6）引线标注:用于标注多行文字或块等。

（7）坐标尺寸标注:用于标注相对于坐标原点的坐标。

（8）圆心标注:用于标注圆或圆弧的中心标记或中心线。

（9）快速标注尺寸:用于成批快速标注尺寸。

三、尺寸标注的执行方式

（1）命令行直接输入尺寸标注命令。

（2）菜单栏:"标注"→从下拉菜单选用相应选项可进行尺寸标注,如图6-2所示。

（3）功能区:调用"默认"→"注释"工具栏,单击相应图标按钮可进行尺寸标注,如图6-3所示。

图6-2 "标注"下拉菜单

四、尺寸标注的步骤

（1）建立尺寸标注图层,这对于编辑修改复杂图形是有利的,可根据需要采用图层管理当中的关闭、冻结、锁定功能对标注所在图层进行控制,这样在编辑修改图形时,就可以不受标注尺寸的干扰,从而加快绘图速度。

图 6-3　功能区标注工具

（2）创建标注样式，对标注所采用的样式根据需要进行相关参数的设置，才能使标注符合相关行业绘图的标准。

（3）根据图形需要选择相应的标注命令进行尺寸标注。

任务二　标注样式设置

一、创建标注样式

不同领域的图样，对尺寸标注的要求也有所不同。因此，在进行尺寸标注之前，先要对标注样式进行设置。其中，包括标注文字字体、文字位置、文字高度、箭头样式和大小、延伸线的起点偏移距离、尺寸公差等，控制标注的格式和外观，建立强制执行的绘图标准，并且有利于对标注格式及用途进行修改。

（一）标注样式命令

（1）命令行输入"DIMSTYLE"，按 Enter 键；

（2）菜单栏："标注"或"格式"→"标注样式"；

（3）功能区："默认"→"注释"面板 →标注样式图标。

执行以上命令后，将弹出如图 6-4 所示的"标注样式管理器"对话框。

（二）对话框说明

（1）"当前标注样式"。显示当前使用的样式名称。

（2）"样式（S）"列表框。显示图形中的标注样式，若被显亮状态则是当前样式。

（3）"预览"列表框。显示当前所使用的标注样式例。

（4）"列出（L）"下拉列表框。用来控制显示"所有样式"还是"正在使用的样式"。

（5）"说明"选项组。用来对当前使用的尺寸标注样式进行说明。

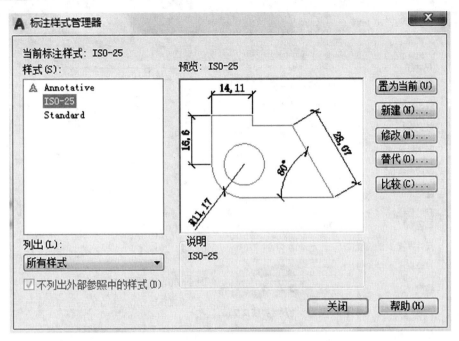

图6-4　"标注样式管理器"对话框

(6)"新建(N)"按钮。单击该按钮,将弹出"创建新标注样式"对话框,如图6-5所示。其中在"新样式名(N)"文本框中用户可以输入新建样式的名称。在"基础样式(S)"下拉列表框中选择一种基础样式,新样式就以该样式为基础进行修改。在"用于(U)"下拉列表框中,设置该标注样式使用的范围。单击"继续"按钮,将弹出如图6-6所示的"新建标注样式:建筑"对话框。

图6-5　"创建新标注样式"对话框

(7)"修改(M)"和"替代(O)"按钮。选择某一种样式后,单击该按钮,同样弹出与"新建标注样式"内容相同的对话框,分别是修改标注样式和替代标注样式。可以对该样式的

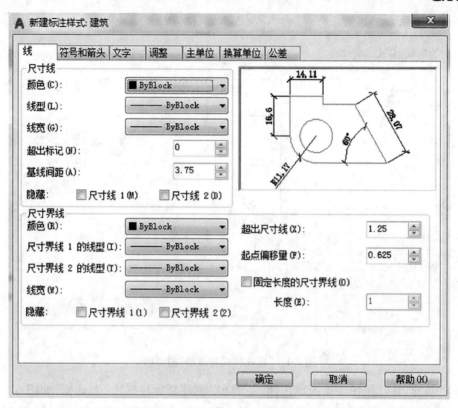

图 6-6 "新建标注样式:建筑"对话框

设置进行修改和替代。

(8)"比较(C)"按钮。用于比较不同标注样式中的尺寸变量,并用列表形式显示出来。

二、设置"标注样式"选项卡

(一)"线"选项卡

在"新建标注样式:建筑"对话框中,"线"选项卡包括"尺寸线""尺寸界线"两个选项组,用于设置尺寸线、延伸线的形式和特性等。

在"尺寸线"选项组中,可以设置尺寸线的颜色、线宽、超出标记(一般为 0 ~ 3)以及基线间距(一般为 7 ~ 10)等属性。

在"尺寸界线"选项组中,可以设置延伸线的颜色、线宽、超出尺寸线的尺寸(一般为 1 ~ 2.5)和起点偏移量。如果需要隐藏尺寸线和尺寸界线,可以在选项前打钩,如图 6-6 所示。

(二)"符号和箭头"选项卡

在"新建标注样式:建筑"对话框中,"符号和箭头"选项卡可以设置箭头、圆心标记、弧长符号和半径折弯标注的样式等。对于工程测量图样,箭头形式通常选择建筑标记,箭头大小一般为 2.5,其他选项可根据需要进行相应参数设置,如图 6-7 所示。

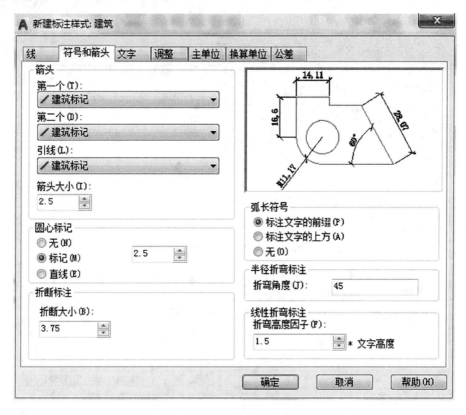

图 6-7　"符号和箭头"选项卡

（三）"文字"选项卡

在"新建标注样式:建筑"对话框中,"文字"选项卡可以设置标注文字的文字样式、文字颜色、文字高度、文字位置和对齐方式等,如图 6-8 所示。各类工程测量图中,文字高度一般为 5,从尺寸线偏移一般设置成 2,文字位置和对齐方式按默认值即可。

（四）"调整""换算单位""公差"选项卡

在"新建标注样式:建筑"对话框中,"调整"选项卡可以设置标注文字、箭头、引线和尺寸线的放置。"换算单位"选项卡可以转换使用不同测量单位制的标注,一般是显示英制标注的等效公制标注或公制标注的等效英制标注。在标注文字中,换算标注单位显示在主单位旁边的方括号中。"公差"选项卡控制标注文字中公差的格式及显示。这 3 种选项卡在工程测量图样中一般不用设置。

（五）"主单位"选项卡

在"新建标注样式:建筑"对话框中,"主单位"选项卡可以设置主单位的格式与精度,并设置标注文字的前缀和扩展名。在"比例因子"数值框中,根据图形绘制比例设置线性尺寸标注比例。如地形图中,绘制时若按 1:1 000,即实际距离 1 m 在图上为 1 mm。

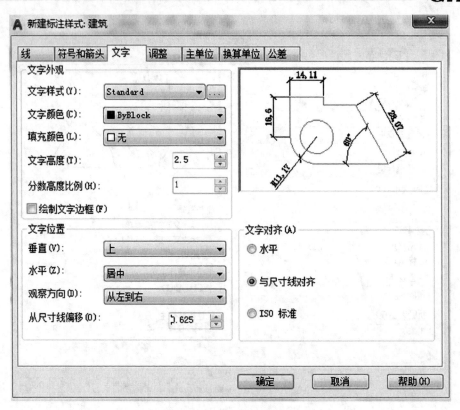

图 6-8 "文字"选项卡

■ 任务三 尺寸标注

用户创建和设置好尺寸标注样式后便可开始进行尺寸标注。AutoCAD 2018 提供了各类尺寸标注命令。

一、线性标注

用于创建水平方向或垂直方向的线性尺寸,如图 6-9 所示。

常用操作方法如下:

(1)命令行输入"Dimlinear",按 Enter 键;

(2)菜单栏:"标注"→"线性";

(3)功能区:"默认"→"注释"→"线性"。

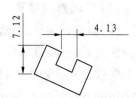

图 6-9 线性标注

执行以上操作后,在命令行窗口提示下选择尺寸延伸的原点,再根据需要在绘图窗口选择两个点,命令行提示选择尺寸线位置或设置标注文字的内容和格式。可以输入 M 或 T,在标注文字中输入内容即可。设置完毕后,再选择尺寸线的位置,可以确定标注方向为水平或垂直。

二、对齐标注

对齐标注可以创建与线段平行的尺寸的标注,它是线性标注尺寸的一种特殊形式。对齐标注的操作与线性标注相同,只是在选择尺寸线位置时,尺寸线始终平行于尺寸界线原点连成的直线,如图 6-10 所示的对齐标注样例。

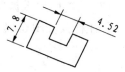

图 6-10 对齐标注

三、角度标注

角度标注用于标注两条直线之间的角度及圆或圆弧的圆心角,常用操作方法如下:

(1)命令行输入"Dimangular",按 Enter 键;

(2)菜单栏:"标注"→"角度";

(3)功能区:"默认"→"注释"→"角度"。

标注样式如图 6-11 所示。

四、半径标注

半径标注可以标注圆或圆弧的半径尺寸,常用操作方法如下:

(1)命令行输入"Dimradius",按 Enter 键;

(2)菜单栏:"标注"→"半径";

(3)功能区:"默认"→"注释"→"半径"。

标注样式如图 6-12 所示。

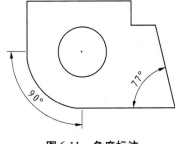

图 6-11 角度标注

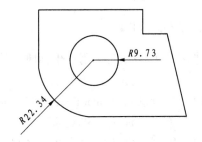

图 6-12 半径标注

五、直径标注

直径标注可以标注圆或圆弧的直径尺寸,常用操作方法如下:

(1)命令行输入"Dimdiameter",按 Enter 键;

(2)菜单栏:"标注"→"直径";

(3)功能区:"默认"→"注释"→"直径"。

标注样式如图 6-13 所示。

六、折弯标注

当圆或圆弧的圆心位于图形边界之外时,可以使用折弯标注标注圆或圆弧的半径尺寸,常用操作方法如下:

(1)命令行输入"DIMJOGGED",按 Enter 键;

(2)菜单栏:"标注"→"折弯";

(3)功能区:"默认"→"注释"→"折弯"。

标注样式如图 6-14 所示。

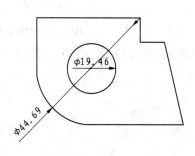

图 6-13　直径标注

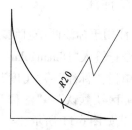

图 6-14　折弯标注

七、弧长标注

弧长标注用于标注圆弧线段或多段线圆弧线部分的弧长,常用操作方法如下:

(1)命令行输入"DIMARC",按 Enter 键;

(2)菜单栏:"标注"→"弧长"。

标注样式如图 6-15 所示。

八、坐标标注

在标注图形中相对于用户坐标原点的某一点的坐标时,可以使用坐标标注,常用操作方法如下:

(1)命令行输入"Dimordinate",按 Enter 键;

(2)菜单栏:"标注"→"坐标";

(3)功能区:"默认"→"注释"→"坐标"。

标注样式如图 6-16 所示。

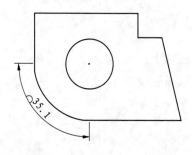

图 6-15　弧长标注

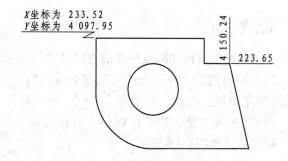

图 6-16　坐标标注

九、圆心标记

圆心标记用于标记圆或圆弧的圆心,常用操作方法如下:

(1)命令行输入"DIMCENTER",按 Enter 键;

(2)菜单栏:"标注"→"圆心标记"。

任务四 尺寸标注编辑

在 AutoCAD 2018 中,需要对标注文字内容、位置等标注特征进行修改,可以使用相应的标注编辑命令进行编辑,不必删除所有标注的尺寸对象再重新进行标注。

一、编辑标注文字

编辑标注文字主要用于修改已标注尺寸的尺寸文字的位置。常用操作方法如下:
(1)命令行输入"DIMTEDIT",按 Enter 键;
(2)菜单栏:"标注"→"对齐文字",然后选择对齐方式。

二、编辑标注

DIMTEDIT 命令用于修改编辑已有的尺寸标注,常用操作方法如下:
(1)命令行输入"DIMTEDIT",按 Enter 键;
(2)菜单栏:"标注"→"对齐文字"→"默认"。

三、翻转标注箭头

在 AutoCAD 2018 中用户可以使用标注快捷菜单翻转箭头的方向,如图 6-17 所示,单击需要翻转的标注箭头,然后单击,在弹出的快捷菜单中选择"翻转箭头"命令。翻转后的箭头如图 6-18 所示。

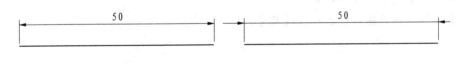

图6-17 翻转箭头前   图6-18 翻转箭头后

小 结

本项目重点介绍了尺寸标注的概念、标注样式的设置方法和类型,以及如何对各种类型的尺寸进行标注和编辑标注对象。

典型实例

1. 按如图 5-13 所示尺寸,绘制图形,并按图形要求设置尺寸标注样式,标注出尺寸。
2. 图 6-19 是某建筑物平面图,设置"轴线""墙""门""窗""标注"等图层,颜色可自定义,按图形尺寸绘制平面图保存。

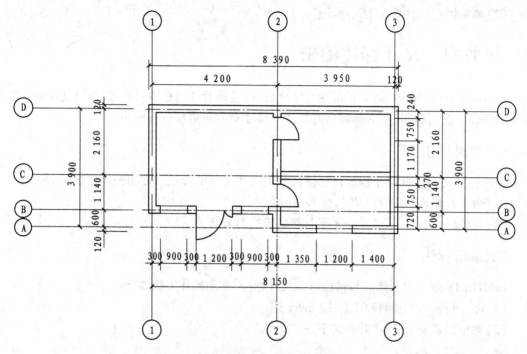

图 6-19　典型实例题 2 图例

■ 复习思考题

1. 在绘制工程图纸时,一个完整的尺寸标注由哪几部分组成?

2. 如何设置尺寸标注样式?

3. 如何修改当前图形中已标注的尺寸?

项目七　文字与表格

本项目主要讲述文字样式设置、单行文字和多行文字的输入与编辑、表格样式设置和表格的插入与编辑等内容。要求理解文字样式的设置,掌握文字的标注与编辑方法,熟悉表格样式的设置,掌握表格的制作和编辑方法。

任务一　文字样式设置

在绘制测绘工程图时,图中会有很多相同的地物符号,需要使用文字来表明图形各个部分的具体信息,或者加上必要的注释,这就需要用到文字注记功能。进行文字输入和编辑之前需要先进行文字样式的设置。文字样式设置命令调用常用方法如下:

(1)命令行输入"Ddstyle"或"style",按 Enter 键;

(2)菜单栏:"格式"→"文字样式";

(3)功能区:"默认"→"注释"→"文字样式"按钮 ;

(4)功能区:"注释"→"文字"→按钮 。

通过上述命令可以打开如图 7-1 所示的设置"文字样式"对话框。

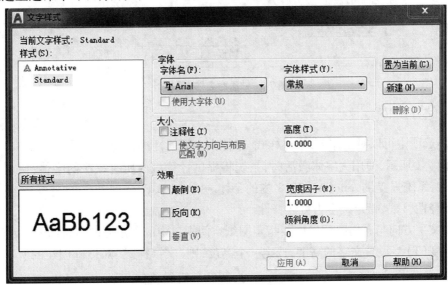

图 7-1 "文字样式"对话框

一、设置样式名

(1)新建文字样式。单击"新建(N)"按钮,缺省名为"样式 1",如图 7-2 所示。

(2)删除样式。选取需删除的样式名,单击"删除(D)"按钮。注:当前文字样式不能删除。

图 7-2 "新建文字样式"对话框

（3）重命名样式。选取菜单栏"格式"→"重命名"，或命令行中输入"REN"，按 Enter 键，显示如图 7-3 所示的对话框。单击选中"文字样式"，单击"重命名为（R）"按钮即可为样式重新命名。

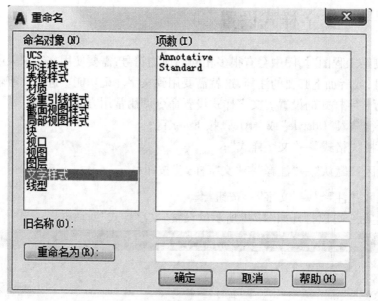

图 7-3 "重命名"对话框

二、设置字体

字体选项中可以对字体名、字体样式、字体大小等属性进行设置。

如图 7-1 所示，使用大字体激活时，系统将提供计算机内所有程序的字体；使用大字体未激活时，系统只提供 AutoCAD 2018 内的字体。

"注释性（I）"：指定文字为可注释性。

"使文字方向与布局匹配（M）"：指定图纸空间视口中的文字方向与布局方向匹配。

"高度（T）"：设置文字的高度，选定一个高度，则"文字样式"对话框创建的所有文本都使用这个高度值。

三、设置文字效果

在如图 7-1 所示对话框中，可以设置以下文字效果：

（1）"颠倒（E）"：选中该复选框，文字可以上下颠倒显示。

（2）"反向（K）"：选中该复选框，文字可以首尾反向显示。

（3）"垂直（V）"：选中该复选框，文字可以沿垂直方向显示。

（4）"宽度因子（W）"：在 AutoCAD 2018 中默认的宽度因子为 1，若大于 1 则文字变宽，若小于 1 则文字变窄。

（5）"倾斜角度（O）"：用于设置文字的倾斜角度。当输入的角度值为负时，向左倾斜；当输入的角度值为正时，向右倾斜。

设置完成后单击"应用（A）"：按钮将新字型加入当前图形，然后单击"关闭"按钮即可。如果用户想修改以前建立的文字样式，可以在"文字样式"对话框中，根据需要修改其中的相关特性设置。如果在多个文字样式中选用某个文字样式，可以先选中该样式，点击"置为当前（C）"按钮即可。

用户可以使用不同方法创建文字，常见的方法有创建单行文字和多行文字，对于简单的输入项使用单行文字，对于带有内部格式较长的输入项使用多行文字。

任务二　文字的输入与编辑

一、单行文字的输入与编辑

（一）单行文字的输入

1. 命令调用常用方法

（1）命令行输入"TEXT"或"DTEXT"，按 Enter 键；

（2）菜单栏："绘图"→"文字"→"单行文字"；

（3）功能区："默认"→"注释"→"文字"→"单行文字"按钮 **A**₁单行文字；

（4）功能区："注释"→"文字"→"单行文字"按钮 **A**₁单行文字。

2. 命令执行过程

命令：TEXT

TEXT 指定文字的起点或[对正（J）样式（S）]：（在绘图区单击确定起点）

TEXT 指定文字的高度 <2.5000>：（输入文字高度或按 Enter 键取当前默认值 2.5）

TEXT 指定文字的旋转角度 <0>：（输入文字的倾斜角或按 Enter 键取当前默认值 0）

这时在绘图区指定的起点闪烁着文本输入光标，直接输入文字即可，输入完文字连续按 Enter 键两次，就可以退出文字输入状态。若有很多处需要输入单行文字，则无须选择"单行文字"按钮，继续按 Enter 键，就可以又一次执行输入单行文字的命令。

命令中"对正（J）"用于设置文字的排列方式，选择该项后，命令行提示如下：

> ↳ TEXT 输入选项 [左(L) 居中(C) 右(R) 对齐(A) 中间(M) 布满(F) 左上(TL) 中上(TC) 右上(TR) 左中(ML) 正中(MC) 右中(MR) 左下(BL) 中下(BC) 右下(BR)]：

"样式（S）"设置当前使用的文字样式，选择该项后，命令行提示如下：

> ↳ TEXT 输入样式名或 [?] <Standard>： （此时输入样式名或按 Enter 键使用当前文字样式）

（二）单行文字的编辑

1. 命令调用常用方法

（1）命令行输入"TEXTEDIT"，按 Enter 键；

（2）菜单栏:"修改"→"对象"→"文字"→"编辑"。

2.命令执行过程

命令:TEXTEDIT

TEXTEDIT 选择注释对象或[放弃(U)/模式(M):(用鼠标单击要修改的单行文字对象,选中的文字处于可编辑状态,编辑结束后按 Enter 键,命令行继续提示)

TEXTEDIT 选择注释对象或[放弃(U)/模式(M):(选择要编辑的另一个文字对象,或者按 Enter 键结束命令)

（三）编辑文本比例

1.命令调用常用方法

（1）命令行输入"Scaletext",按 Enter 键;

（2）菜单栏:"修改"→"对象"→"文字"→"比例";

（3）功能区:"注释"→"文字"→"缩放"按钮🄰 缩放。

2.命令执行过程

命令:scaletext

SCALETEXT 选择对象:(选择要修改的文字对象)

SCALETEXT 选择对象:(继续选择要缩放的对象,直至选择完毕,回车)

输入缩放的基点选项

[现有(E)/左对齐(L)/居中(C)/中间(M)/右对齐(R)/左上(TL)/中上(TC)/右上(TR)/左中(ML)/正中(MC)/右中(MR)/左下(BL)/中下(BC)/右下(BR)] <现有>:c(此时需要输入缩放的基点,如输入居中(c)选项)

指定新模型高度或[图纸高度(P)/匹配对象(M)/比例因子(S)] <2.5>:5(输入文字新高度,回车。若想将文字缩放一定的比例,则在此处输入 s,回车,输入要缩放的比例,立即生成所输比例缩放后的文字)

（四）编辑文本的对正方式

1.命令调用常用方法

（1）命令行输入"Justifytext",按 Enter 键;

（2）菜单栏:"修改"→"对象"→"文字"→"对正";

（3）功能区:"注释"→"文字"→"对正"按钮🄰。

2.命令执行过程

命令:justifytext

选择对象:(选择要对正的文字对象)

选择对象:(继续选择要对正的对象,直至选择完毕,回车)

输入对正选项

[左对齐(L)/对齐(A)/布满(F)/居中(C)/中间(M)/右对齐(R)/左上(TL)/中上(TC)/右上(TR)/左中(ML)/正中(MC)/右中(MR)/左下(BL)/中下(BC)/右下(BR)] <居中>:(此时输入要修改的文字对齐方式即可)

二、多行文字的输入与编辑

多行文字是由两行以上的文字组成的,对于较长、较复杂的文字可以使用多行文字的方式创建。与单行文字不同的是,一个多行文字所创建的所有文字都被当作同一个对象,可以进行移动、旋转、删除、复制、镜像、拉伸等操作。另外,与单行文字相比较,多行文字还具有更多的编辑选项,如对文字加粗、增加下画线、改变字体颜色等。

(一)多行文字的输入

1.命令调用常用方法

(1)命令行输入"MTEXT"(或简写"T"),按 Enter 键;

(2)菜单栏:"绘图"→"对象"→"文字"→"多行文字";

(3)功能区:"默认"→"注释"→"文字"→"多行文字";

(4)功能区:"注释"→"文字"→"多行文字"。

2.命令执行过程

命令:MTEXT

当前文字样式:"Standard"　文字高度:　2.5　注释性:　否

指定第一角点:(输入坐标或者用鼠标左键点击屏幕上某一点)

指定对角点或〔高度(H)/对正(J)/行距(L)/旋转(R)/样式(S)/宽度(W)/栏(C)〕:(该提示项下可以直接指定多行文字对角点,也可以输入各选项。设置完成后,系统将弹出多行文字编辑器,如图7-4所示。从中可以进行文字设置、字符串的输入和编辑操作。在屏幕中多行文字输入区输入文字即可)

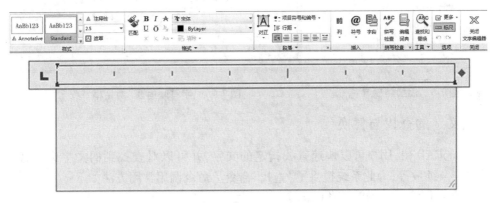

图7-4　多行文字编辑器

(二)多行文字的编辑

1.命令调用常用方法

(1)命令行输入"Ddedit",按 Enter 键;

(2)菜单栏:"修改"→"对象"→"文字"→"编辑"。

2.命令执行过程

命令:_textedit

当前设置:编辑模式 = Multiple

选择注释对象或〔放弃(U)/模式(M)〕:(选择对象,编辑完毕返回保存即可)

用鼠标双击要编辑的多行文字,则会弹出如图7-4所示的多行文字编辑器。在文字编辑器中可以编辑文字的样式、字体、高度、颜色等项,对文字进行对正编辑,对文本进行编号、大小写、下画线、文字间距、文字宽度、文字倾角等方面的编辑,还可插入字段。当需要输入

特殊符号时,如度数、直径、正/负和不间断空格等,可点击符号@,然后从下拉菜单中选择需要输入的特殊字符,如图 7-5 所示。选择"其他…",可以弹出"字符映射表"对话框,如图 7-6 所示,用户可以添加需要的字符。

度数	%%d
正/负	%%p
直径	%%c
几乎相等	\U+2248
角度	\U+2220
边界线	\U+E100
中心线	\U+2104
差值	\U+0394
电相角	\U+0278
流线	\U+E101
恒等于	\U+2261
初始长度	\U+E200
界碑线	\U+E102
不相等	\U+2260
欧姆	\U+2126
欧米加	\U+03A9
地界线	\U+214A
下标 2	\U+2082
平方	\U+00B2
立方	\U+00B3
不间断空格	Ctrl+Shift+Space
其他…	

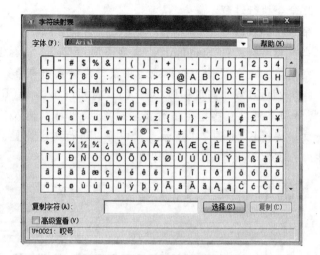

图 7-5　添加特殊字符　　　　　图 7-6　"字符映射表"对话框

三、文字的查找与替换

在 AutoCAD 中,用户可以快速查找指定的文字,并可以对查找到的文字进行替换、修改、选择以及缩放等,为此系统提供了"查找"命令。命令调用常用方法如下:

(1)命令行输入"FIND",按 Enter 键;

(2)菜单栏:"编辑"→"查找";

(3)单击鼠标右键,从光标菜单中选择"查找"选项。

利用上述任意一种方法启用"查找"命令,弹出"查找和替换"对话框,如图 7-7 所示。在该对话框中,用户可以进行文字查找、替换、修改、选择以及缩放等操作。

在"查找和替换"对话框中,其各个选项与按钮的意义如下:

(1)"查找内容(W)"文本框,用于输入或选择要查找的文字。

(2)"替换为(I)"文本框,用于输入替换后的文字。

(3)"查找位置(H)"下拉列表框:用于选择文字的查找范围。其中"整个图形"选项用于在整个图形中查找文字;"当前选择"选项用于在指定的文字对象中查找文字。单击按钮,然后选择图形中的文字即可。

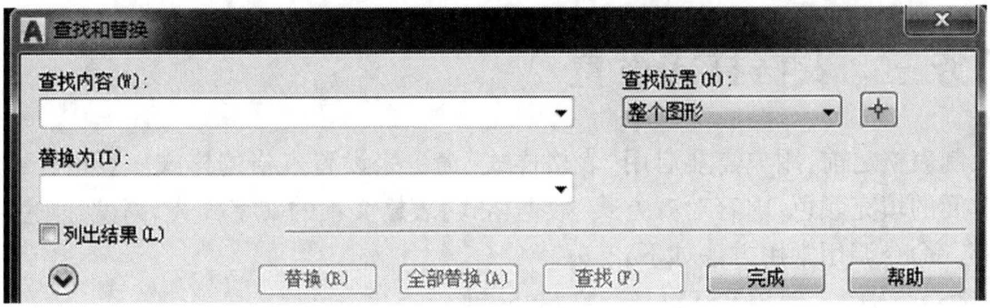

图 7-7　"查找和替换"对话框

四、文字拼写检查

在 AutoCAD 中,用户可以对当前图形的所有文字进行拼写检查,以便查找文字的错误,为此系统提供了"拼写检查"命令。命令调用常用方法如下:

(1)命令行输入"TABLESTYLE",按 Enter 键;

(2)菜单栏:"工具"→"拼写检查"。

启用"拼写检查"命令后,即可选择要进行拼写检查的文字,或者在命令行中输入"ALL"选择图形中的所有文字。当图形中没有拼写错误的文字时,弹出"AutoCAD 消息"对话框,如图 7-8 所示,表示完成拼写检查;当 AutoCAD 检查到拼写错误的文字后,弹出"拼写检查"对话框,如图 7-9 所示,在"不在词典中(N)"选项中给出拼写错误的文字,并在"建议(G)"选项中提供一些文字推荐,此时用户在推荐的文字中选择一个需要的文字,然后单击"修改(C)"按钮,即可完成拼写错误文字的修改。

图 7-8　"AutoCAD 消息"对话框

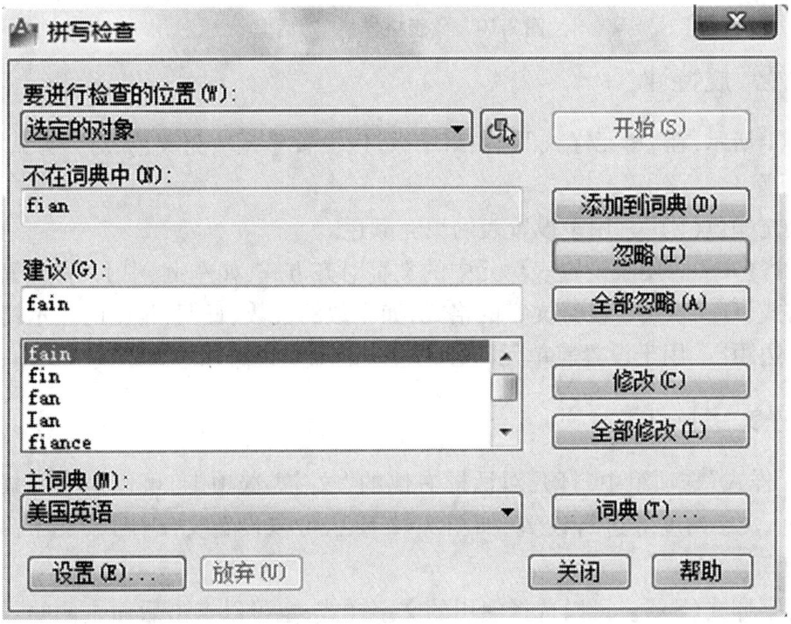

图 7-9　"拼写检查"对话框

■ 任务三　表格样式设置

在绘制表格之前,用户需要启用"表格样式"命令来设置表格的样式。表格样式用于控制表格单元的填充颜色、内容对齐方式、数据格式,表格文本的文字样式、高度、颜色,以及表格边框等。命令调用常用方法如下:

(1)命令行输入"TABLESTYLE",按 Enter 键;

(2)菜单栏:"格式"→"表格样式";

(3)功能区:"默认"→"注释"→"表格样式" 。

启用"表格样式"命令后,系统将弹出"表格样式"对话框,如图 7-10 所示。单击"新建(N)…"按钮可新建表格样式。单击"修改(M)…"按钮,打开图 7-11 所示的"修改表格样式:Standard"对话框。

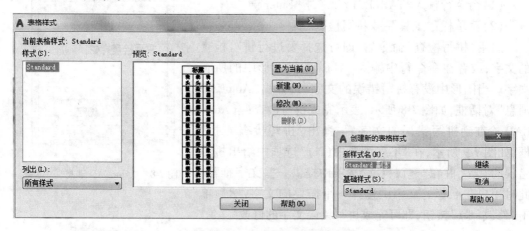

图 7-10　"表格样式"对话框

一、设置常规特性

如图 7-11 所示,在"单元样式"选项组中,可以设置单元填充颜色、对齐方式、数据格式、类型、页边距等。

(1)"填充颜色(F)"。用于设置表的填充颜色。

(2)"对齐(A)"。用于设置表单元中的文字对齐方式,如左上、中上、右上等。

(3)"格式(O)"。用于设置文字的格式,如小数的位数、日期、角度的表示格式等。

(4)"页边距"。用于设置表单元内容距边线的水平距离和垂直距离。

二、设置文字特性

在"单元样式"选项组中,打开对话框右侧的"文字"选项卡,可以对文字样式、文字高度、文字颜色、文字角度等进行设置,如图 7-12 所示可以设置文字样式,文字高度、文字颜色、文字角度等。

(1)"文字样式(S)"。可以选择使用的文字样式;也可以点击后面右侧的 按钮,打开"文字样式"对话框,如图 7-1 所示。

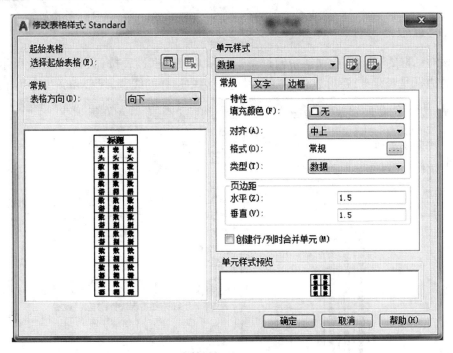

图 7-11　"修改表格样式：Standard"对话框中"常规"选项卡

（2）"文字高度（I）"。用于设置表单元中的文字高度，默认情况下，文字高度为 4.5。

（3）"文字颜色（C）"。用于设置文字的颜色。

（4）"文字角度（G）"。用于设置文字的倾斜角度。

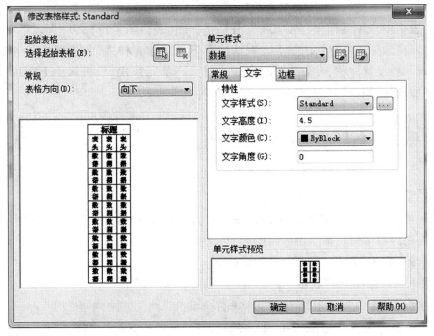

图 7-12　"修改表格样式：Standard"对话框中"文字"选项卡

三、设置边框特性

在该对话框的"边框"选项组中通过单击显示 8 种边框设置按钮,如图 7-13 所示,可以设置表的边框是否存在,还可以将在"特性"选项组中选择的线宽、线型和颜色应用于边框。

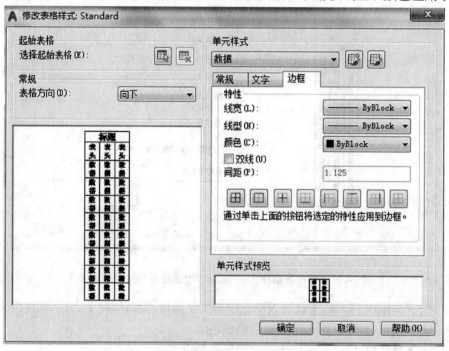

图 7-13　"修改表格样式:Standard"对话框中"边框"选项卡

提示:表格中,"单元样式"分为 3 类,分别是标题(表格第一行)、表头(表格第二行)和数据,通过表格预览区可看到这一点。默认情况下,在"单元样式"设置区中设置的是数据单元的格式。要设置标题、表头单元的格式,可打开"单元样式"设置区中上方单元类型下拉列表,然后选择"表头"和"标题"。

任务四　表格的插入与编辑

一、插入表格

创建表格时,可设置表格的表格样式、表格列数、列宽、行数、行高等。创建结束后系统自动进入表格内容编辑状态。命令调用常用方法如下:

(1)命令行输入"TABLE",按 Enter 键;

(2)菜单栏:"绘图"→"表格";

(3)功能区:"默认"→"注释"→"表格"图标 ▦。

执行上述命令后,弹出如图 7-14 所示的对话框,可做如下设置:

(1)"表格样式"。默认样式为"Standard",也可以从下拉列表中选择设置好的表格样式,或单击后面的按钮,打开"表格样式"对话框,创建新的表格样式。

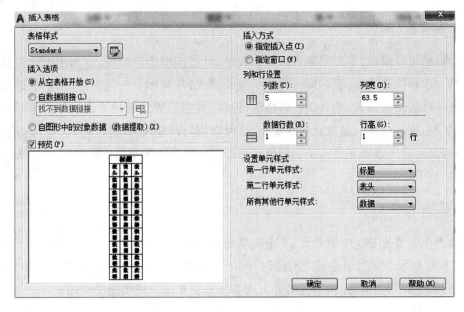

图 7-14 "插入表格"对话框

（2）"插入方式"。如果选择"指定插入点（I）"，则可以在绘图窗口中的某点插入固定大小的表格；如果选择"指定窗口（W）"，则可以在绘图窗口中通过拖动表格边框来创建任意大小的表格。

（3）"列和行设置"。用户可以通过改变"列数（C）""数据行数（R）""列宽（D）""行高（G）"文本框中的数值来调整表格的外观大小。

（4）"设置单元样式"。依次打开"第一行单元样式"、"第二行单元样式"、"所有其他行单元样式"下拉列表，可以从中选择"标题"、"表头"、"数据"，如图 7-14 所示，如果所画的表格中不含标题行和表头行，可以均设置为"数据"类型。

设置完毕后单击"确定"按钮，关闭"插入表格"对话框。在绘图区域单击，确定表格放置位置，此时系统将自动打开"文字格式"工具栏，并进入表格内容编辑状态，如果表格尺寸较小，无法看到编辑效果，可首先在表格外空白区单击，暂时退出表格内容编辑状态，然后放大表格显示即可，如图 7-15 所示。

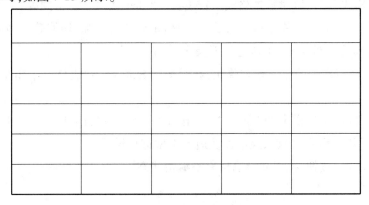

图 7-15 在绘图区域单击放置表格

二、编辑表格

要对表格进行编辑,首先需要选择整个表格,可直接单击表格线,或利用选择窗口选择整个表格。表格被选中后,表格框线将显示为断续线,并显示了一组夹点,用户通过拖动这些夹点可移动表格的位置,或者调整表格的行高与列宽。通过右键弹出的菜单来对表格进行剪切、复制、删除、移动、缩放旋转等操作,还可以均匀调整表格的行、列大小。要编辑表格内容,只需鼠标双击表单元进入文字编辑状态即可。要删除表单元中的内容,可首先选中表单元,然后按 Delete 键。

三、编辑表单元

编辑表单元首先要选中表单元,选中表单元或表单元区域后,会出现编辑表单元快捷菜单,如图 7-16 所示。通过单击其中的按钮,可对表格插入或删除行、列,以及合并单元、取消单元合并、调整单元边框、编辑单元对齐方式等。其主要选项的功能说明如下:

图 7-16　编辑表单元快捷菜单

(1)"插入"。表单元的插入行或列的方式有上方、下方、左侧、右侧等。

(2)"匹配单元"。用当前选中的表单元格式匹配其他表单元,此时鼠标指针变为刷子形状,单击目标对象即可进行匹配。

(3)"编辑边框"。可以设置边框的线宽、颜色等特性。

(4)"合并单元"。当选中多个连续的表单元格后,可以全部、按列或按行合并表单元。

(5)"数据格式"。可以对数据格式进行设置,比如小数、角度、常规等。

(6)"公式"。可以在表格中插入公式,对表格单元执行求和、均值等各种运算。

例如,要调整表格外边框,可执行如下操作:

(1)单击选择表格中的左上角表单元,然后按住 Shift 键,在表格右下角单击,从而选中所有表单元。

(2)单击"表格"工具栏中的"单元样式"按钮田,打开如图 7-17 所示"单元边框特性"对话框。用户可以对线宽、线型、颜色以及边框类型进行设置。

(3)单击"确定"按钮,按 Esc 键退出表格编辑状态。

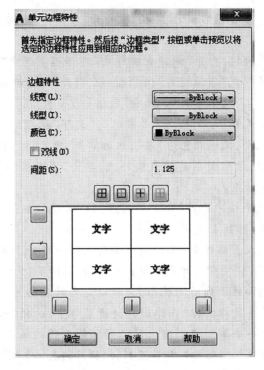

图 7-17 "单元边框特性"对话框

■ 小 结

　　文字与表格是测绘工程绘图中不可缺少的组成部分,是 AutoCAD 2018 中很重要的图形元素。创建单行文字和多行文字及文字编辑,创建和编辑表格是本项目的重点,在对地形图、地籍图和道路工程图等进行绘制时均需用到,因此需多加练习。

■ 典型实例

　　创建表 7-1 所示的表格内容。

表 7-1 温度、气压测定技术要求

等级	最小读数		测定的时间间隔	气象数据的使用
	温度(℃)	气压(Pa)		
二、三、四等	0.2	50	一测站同时段观测的始末	测距边两端的平均值
一级	0.5	100	每边测定一次	观测一端的数据
二、三级	0.5	100	一时段始末测定一次	取平均值作为各边测量的气象数据

　　操作提示如下:

　　(1)命令行输入"Table",按 Enter 键或菜单栏"绘图"→"表格",打开"插入表格"对话框。

（2）单击"表格样式"下拉框右侧的 ▧ 按钮,打开"表格样式"对话框,并在"样式"列表中选择样式"Standard"。

（3）单击"新建(N)"按钮,打开"新建表格样式"对话框。选中"标题"选项卡,设置文字高度为4.5,单击"文字样式"下拉框右侧的▨按钮,打开"文字样式"对话框,创建一个新的文字样式,并设置字体名称为"宋体"。选中"数据"选项卡,在"常规"选项组中,设置对齐方式为"正中",填充方式为"无",格式为"常规";"文字"选项组中,"文字样式"设置为"Standard",文字高度为2.5,文字颜色为"黑",然后单击"确定"按钮,返回"表格样式"对话框,在"样式"下拉表框中,选中新创建的表格样式,单击"置为当前",然后单击"关闭"按钮,返回到"插入表格"对话框。

（4）在"插入方式"选项组中选择"指定插入点(I)"单选按钮;在"列和行设置"选项组中分别设置5列、列宽20;行数4、行高1,单击"确定"按钮。

（5）在绘图区指定插入表格位置,此时表格的最上面一行处于文字编辑状态。用鼠标左键单击表格以外的绘图区,关闭文字编辑插入的表格,如图7-15所示。

（6）因为表中第2列和第3列的特殊形式,所以需要对表格进行编辑。选择第一列第二行和第三行单元格,单击鼠标右键,在弹出的快捷菜单中,选择"合并"→"全部"。执行后,这两个单元格合并为一个单元格。选中第二列和第三列的第二行,选择"合并"→"全部"。用如第一列同样方法编辑第四列和第五列,编辑好的表格如图7-18所示。

图7-18　编辑后的表格

（7）双击表的第一行,即"标题行"单元行,或选中该单元格后单击鼠标右键,在快捷菜单中,选择"编辑单元文字"命令,该单元格处于"文字编辑状态",输入文字"温度、气压测定技术要求"。

（8）使用同样方法,在其他表单元中输入文字。对一些特殊字符可以使用"符号"→"其他",从中选择合适的符号,复制后粘贴到表单元中;也可以使用键盘输入法中的特殊符号选择合适的符号来进行输入;对小数数据的精度,可通过表单元单击鼠标右键,在弹出的快捷菜单中,选择"数据格式",在该对话框中,在"精度"的下拉框中选择合适的精度格式,如图7-19所示。AutoCAD 2018表格中文字的输入功能和计算功能都较强,可输入公式、插入字段,最终效果如图7-20所示。

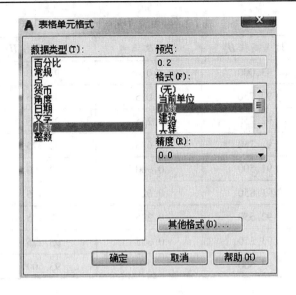

图 7-19　"表格单元格式"对话框

温度、气压测定技术要求				
等级	最小读数		测定的时间间隔	气象数据的取用
	温度(℃)	气压(Pa)		
二、三、四等	0.2	50	一测站同时段观测的始末	测距边两端的平均值
一级	0.5	100	每边测定一次	观测一端的数据
二、三级	0.5	100	一时段始末各测定一次	取平均值作为各边测量的气象数据

图 7-20　完成文字编辑的表格

■ 复习思考题

1. 在 AutoCAD 2018 中,创建文字样式"界桩点位置选定原则",要求其字体为仿宋,倾角为 0,宽高比为 1。

2. 用复习思考题 1 中的文字样式,创建多行文字,输入以下内容:

界线走向明显转折处;地形复杂、界线不易辨认的界线转折处;铁路、重要公路、主要河流与界线的交接处;边界经过的重要居民点地区;内河与界河或界江的汇合处;界河与界江易改道处;水陆界转换处;必要高程点。

3. 绘制表 7-2 所示的表格。

表 7-2 竖曲线详测点计算

桩号	坡道高程 H_j^l	标高改正 y_j	竖曲线高程 H_j	说明
K2 + 125.000	93.000	0	93.000	A 点
K2 + 130.000	92.750	0.025	92.775	
K2 + 140.000	92.250	0.225	92.475	$i = -5\%$
K2 + 150.000	91.750	0.625	92.375	
K2 + 155.000	91.500	0.900	92.400	C 点
K2 + 160.000	91.850	0.625	92.475	
K2 + 170.000	92.550	0.225	92.775	$i = 7\%$
K2 + 180.000	93.250	0.025	93.275	
K2 + 185.000	93.600	0	93.600	B 点

项目八 块、属性与外部参照

绘图时,如果图形中有很多相同或相似的内容,或所绘制的图形与已有的图形文件相同,则可以把重复绘制的图形创建成块,并根据需要为块创建属性,指定块的名称,在需要时插入这些图块,用户也可以把已有的图形文件以参照的形式插入到当前图形中,可以大大提高绘图的效率。本项目要求理解图块的定义,掌握图块的插入与编辑,了解图块的属性,会定义图块的属性。

任务一 块

一、块的定义

块是图形对象的集合,也称为图块。常用于绘制复杂、重复的图形。定义图块就是将已有图形对象定义为图块,用户可以根据需要将其插入到图形中任意指定的位置,而且插入时可以指定不同的插入比例和旋转角度。

块分为内部图块和外部图块两种。内部图块只能在定义它的当前图形文件中使用,在其他图形文件中只有重新定义该图块才能使用;外部图块可以图形文件的形式保存,需要该图形文件时可以作为一个块插入。

(一)创建内部图块

创建内部图块是把一个或一组实体定义为一个块,在当前图形文件下可以重复使用。命令调用的常用方法如下:

(1)命令行输入"BLOCK"或"B",按 Enter 键;

(2)菜单栏:"绘图"→"块"→"创建…";

(3)功能区:"默认"→"块"工具栏上的创建块按钮🗐。

启用"BLOCK"命令后,系统将弹出"块定义"对话框,如图 8-1 所示。

该对话框中各部分的功能如下:

(1)"名称(N)"文本框。输入要定义的图块名称。

(2)"基点"选项组。用于确定图块插入点位置。单击"拾取点(K)"按钮,然后移动鼠标在绘图区内选择一个点;也可在"X""Y""Z"文本框中输入具体的坐标值。

(3)"对象"选项组。选择构成图块的对象及控制对象显示方式。单击"选择对象(T)"按钮,AutoCAD 将隐藏"块定义"对话框,用户可在绘图区内用鼠标选择构成块的对象,单击鼠标右键结束选择,则"块定义"对话框重新出现。

单击"快速选择"按钮🗐,打开"快速选择"对话框,如图 8-2 所示。用户可通过该对话框进行快速过滤,选择满足一定条件的对象。

选择"保留(R)"选项,则在用户创建完图块后,AutoCAD 将继续保留这些构成图块的

图 8-1　"块定义"对话框

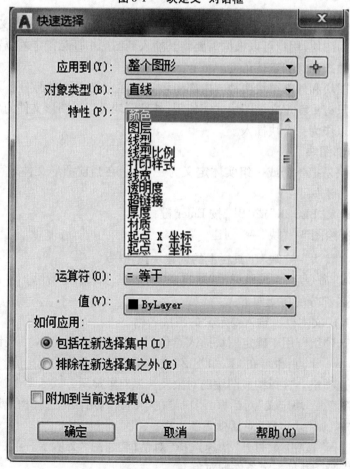

图 8-2　"快速选择"对话框

对象,并将它们当作一个普通的单独对象来对待。

选择"转换为块(C)"选项,则在用户创建完图块后,AutoCAD 将自动将这些构成图块的对象转换为一个图块来对待。

选择"删除(D)"选项,则在用户创建完图块后,AutoCAD 将删除所有构成图块的对象目标。

(4)"块单位(U)"列表框。设置当用户从 AutoCAD 设计中心拖放该图块时的插入比例单位。

(5)"说明"列表框。用户可在其中输入与所定义图块有关的描述性文字。

(6)"超链接(L)…"按钮。打开"插入超链接"对话框(见图8-3),可用它将超链接与块定义相关联,如图8-3 所示。

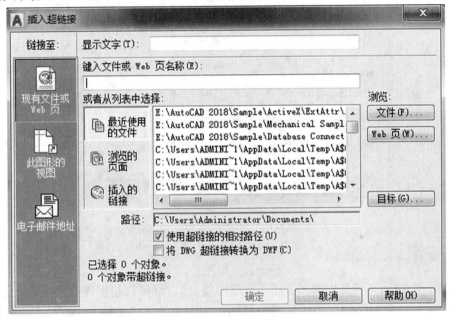

图8-3　"插入超链接"对话框

(7)"在块编辑器中打开(O)"复选框。选中此复选框后,单击"确定"按钮,则在块编辑器中打开当前的块定义。

(8)"方式"选项组。用于指定块的设置。

(9)"注释性(A)"复选框。指定块是否为注释性对象。

(10)"按统一比例缩放(S)"复选框。设置是否阻止块参照不按统一比例缩放。

(11)"允许分解(P)"复选框。指定插入块后是否可以将其分解,即分解组成块的基本对象。

(二)创建外部图块

外部图块是一个独立的、新的图形文件,即使关闭了当前的图形文件,所定义的外部图块仍然可以被其他图形文件引用。创建外部图块步骤如下:

(1)命令行输入"WBLOCK",按 Enter 键,打开"写块"对话框,如图8-4 所示。

(2)在"源"设置区中,选择"对象(O)"按钮,此时利用"写块"对话框中"基点"和"对象"设置区定义块;或选择"整个图形(E)"按钮,将整个图形定义为块。

（3）在"目标"设置区的"文件名和路径(F)"的下拉列表框中设置块的名称和存储位置。在"插入单位(U)"下拉列表框中设置块使用的单位。

（4）单击"确定"按钮，即可将块保存在所指定的位置。

图8-4　"写块"对话框(一)

二、块的插入与编辑

定义好图块后，不管是内部图块还是外部图块，用户都可以根据需要重复插入，从而提高绘图的效率。在 AutoCAD 2018 中最常用的插入图块的方式是用"插入"对话框，调出该对话框的方法有三种：

（1）命令行输入"INSERT"，按 Enter 键；

（2）菜单栏："插入"→"块…"；

（3）功能区："默认"→"块"工具栏上的 插入块按钮。

用上述任意一种方法，AutoCAD 2018 将打开如图 8-5 所示的对话框。该对话框有四组特征参数（要插入的图块名、插入点位置、插入比例系数和图块的旋转角度），用户必须定义。

（一）"名称(N)"下拉列表框

"名称(N)"下拉列表框用于指定要插入的块的名称，或指定要作为块插入的图形文件名。用户可在下拉列表框中输入或选择所需要的图块名。单击"浏览(B)…"按钮，可打开"选择图形文件"对话框，选择所需要的图形文件。

（二）"插入点"选项组

"插入点"选项组用于确定图块插入图形中时在图形中插入点的位置。该选项组有两

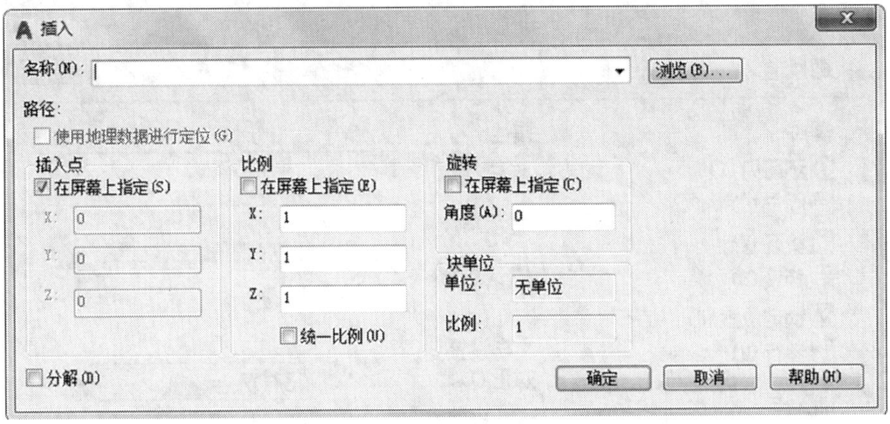

图8-5　"插入"对话框

种方法决定插入点位置:选择"在屏幕上指定(S)"复选框,则用户可在绘图区内用十字光标确定插入点。不选择"在屏幕上指定(S)"复选框,用户可在"X""Y""Z"三个文本框中输入插入点的坐标。通常都是选择"在屏幕上指定(S)"复选框来确定插入点。

(三)"比例"选项组

"比例"选项组用于确定图块在 X、Y、Z 三个方向上的缩放比例。该选项组有三种方法决定图块的缩放比例:选择"在屏幕上指定(E)"复选框,则用户可在命令行直接输入 X、Y、Z 三个方向的缩放比例系数。不选择"在屏幕上指定(E)"复选框,则用户可在"X""Y""Z"文本框中直接输入 X、Y、Z 三个方向的缩放比例系数。选择"统一比例(U)"复选框,表示 X、Y、Z 三个方向的缩放比例系数相同,此时用户可在"X"文本框中输入统一的缩放比例系数。

(四)"旋转"选项组

"旋转"选项组用于确定图块的旋转角度。选择"在屏幕上指定(C)"复选框,则用户可在命令行直接输入图块的旋转角度。不选择"在屏幕上指定(C)"复选框,则用户可在"角度(A)"文本框中直接输入图块旋转角度的具体数值。

(五)"分解(D)"复选框

"分解(D)"复选框用于决定插入块时是作为单个对象还是分解成若干对象。如选中"分解"复选框,只能在"X"文本框中指定比例系数。

■ 任务二　块的属性

块的属性是将数据附着在块上的标签或标记,表示了图块的一些文字信息等,是图块的组成部分。属性不是脱离图块而单独存在的,在删除图块时,属性也会被删除。

一、定义块的属性

在 AutoCAD 中,经常使用对话框方式来定义属性。打开该对话框的方法有两种:

(1)命令行输入"ATTDEF",按 Enter 键;

(2)菜单栏:"绘图"→"块…"→"定义属性…"。

启动 ATTDEF 命令后,AutoCAD 打开如图 8-6 所示的"属性定义"对话框。该对话框各部分功能如下：

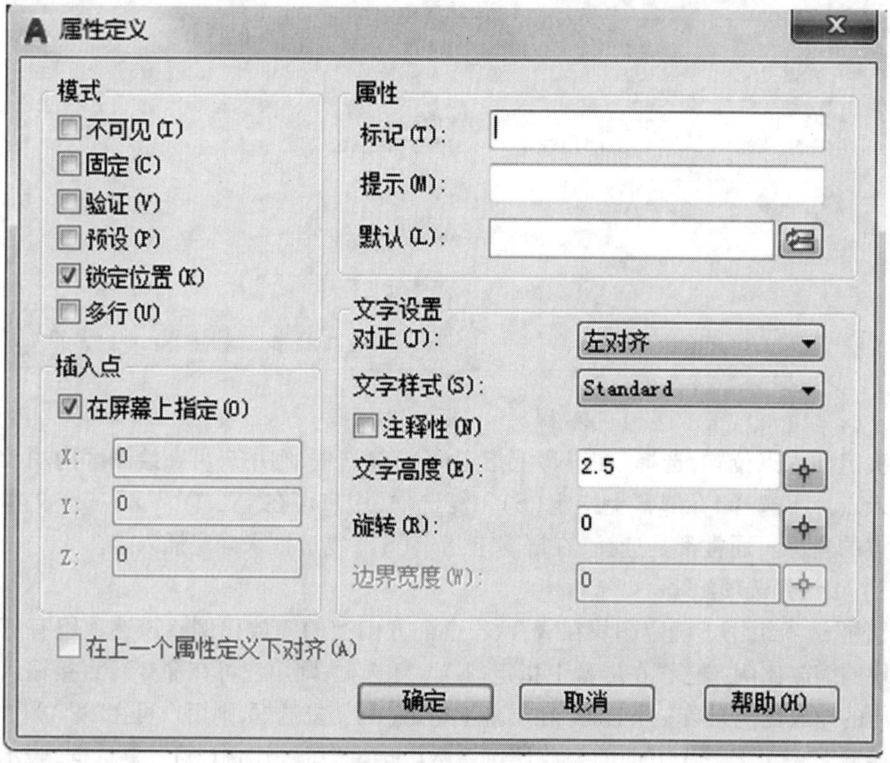

图 8-6　"属性定义"对话框（一）

（1）"模式"选项组。

用于设置属性模式。属性模式有 6 种类型可供选择：

①"不可见（I）"复选框。若选择该框，表示插入图块并输入图块属性值后，属性值在图中将不显示出来；若不选择该框，AutoCAD 将显示图块属性值。

②"固定（C）"复选框。若选择该框，表示属性值在定义属性时已经确定为一个常量，在插入图块时，该属性值将保持不变；反之，则属性值将不是常量。

③"验证（V）"复选框。若选择该框，表示插入图块时，AutoCAD 对用户所输入的值将再次给出校验提示；反之，AutoCAD 将不会对用户所输入的值提出校验要求。

④"预设（P）"复选框。若选择该框，表示要求用户为属性指定一个初始缺省值；反之，则表示 AutoCAD 将不预设初始缺省值。

⑤"锁定位置（K）"复选框。锁定块参照中属性的位置。解锁后，属性可以相对于使用夹点编辑的块的其他部分移动，并且可以调整多行文字属性的大小。

⑥"多行（U）"复选框。指定属性值可以包含多行文字，选定此选项后可以指定属性边界宽度。

（2）"属性"选项组。

用于设置属性参数，包括"标记（T）""提示（M）"和"默认（L）"。定义属性时，AutoCAD 要求用户在"标记（T）"文本框中输入属性标志。在"默认（L）"文本框中输入属性默认值。

（3）"插入点"选项组。

确定属性文本插入点。单击"拾取点"按钮,用户可在绘图区内用鼠标选择一点作为属性文本的插入点,然后返回对话框;也可直接在"X""Y""Z"文本框中输入插入点坐标值。

(4)"文字设置"选项组。

用于设置属性文字的格式,包括对正、文字样式、文字高度及旋转等。

(5)"在上一个属性定义下对齐(A)"复选框。

选择该框,表示当前属性将继承上一属性的部分参数,此时"插入点"和"文字选项"选项组失效,呈灰色显示。

二、编辑块的属性

(一)利用"增强属性编辑器"编辑图块属性

在 AutoCAD 2018 中,打开"增强属性编辑器"对话框的方式有三种:

(1)双击要编辑属性的图块;

(2)菜单栏:"修改"→"对象"→"属性"→"单个…";

(3)功能区:"默认"→"块"→"单个"按钮🌱。

利用上述方法中的第一种,可直接打开如图 8-7 所示的对话框。而用第二、第三种方法,则在单击相应按钮或"单个…"菜单时,AutoCAD 在命令行会给出如下信息:"选择块",用户只有在选择了带有属性的块后,AutoCAD 才会打开如图 8-7 所示的对话框。

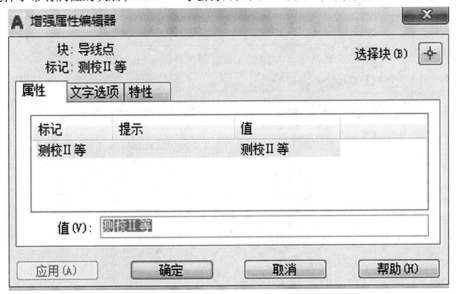

图 8-7　"增强属性编辑器"对话框

在该对话框中显示了所选图块的属性。用户可利用该对话框修改属性。

(1)"选择块(B)"按钮。利用此按钮可选择带属性的块。

(2)"属性"选项卡。显示每一个属性的"标记""提示""值"。但用户在这里只可以修改"值"。

(3)"文字选项"选项卡。如图 8-8 所示,用户可对框中的文字属性进行修改。

(4)"特性"选项卡。定义属性所在的图层及属性文字的线宽、线型和颜色,如图 8-9 所示。

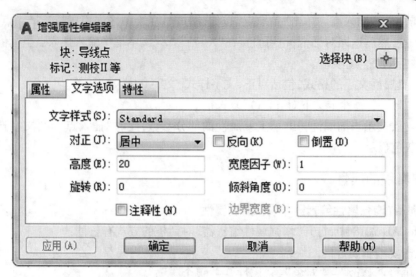

图 8-8　"增强属性编辑器"对话框中"文字选项"选项卡

（5）"应用（A）"按钮。该按钮可将修改后的属性应用于图形中的块。

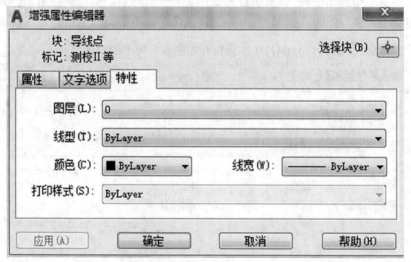

图 8-9　"增强属性编辑器"对话框中"特性"选项卡

（二）利用"ATTEDIT"命令编辑图块属性

启动"ATTEDIT"命令的方法有两种：

（1）命令行输入"ATTEDIT"，按 Enter 键；

（2）菜单栏："修改"→"对象"→"属性"→"全局"。

启动 ATTEDIT 命令后，AutoCAD 会在命令行给出操作提示，用户可按提示操作，这里不再赘述。

（三）利用"块属性管理器" 编辑图块属性

利用"块属性管理器"，用户可方便地管理块的属性定义。例如可以编辑块的属性定义，从块删除属性，还可以在插入一个块时改变提示顺序等。

若当前图形包含块属性，用户有两种方式打开"块属性管理器"对话框，如图 8-10 所示。

图 8-10　"块属性管理器"对话框

(1)菜单栏:"修改"→"对象"→"属性"→"块属性管理器…";

(2)功能区:"块"→块属性管理器按钮 。

在该对话框的属性列表中列出了所有已选择的块属性,其默认显示的属性有:标记、提示、默认和模式。用户可通过"设置(S)…"按钮,打开设置对话框修改要显示的属性条目。该对话框各按钮的含义如下:

(1)"选择块(L)"按钮。用户可使用点设备从绘图区中选择一个块。

(2)"块(B)"下拉框。该框显示了所有当前图形中具有属性的块定义。用户可以从中选择要修改属性的块。

(3)"同步(Y)"按钮。使用当前定义的具有属性的特征,修改所有已选择块的实例。它不影响块中任何已赋予属性的值。

(4)"上移(U)"按钮。将显示序列中已选定的标记向前移动。

(5)"下移(D)"按钮。将显示序列中已选定的标记向后移动。

(6)"编辑(E)…"按钮。单击该按钮将打开"编辑属性"对话框,如图 8-11 所示。用户

图 8-11　"编辑属性"对话框

使用该对话框可以修改属性的特征。在该对话框中,有"属性""文字选项"和"特性"三个选项卡,分别对块属性的各种值进行修改。

(7)"删除(R)"按钮。单击该按钮将从块定义中删除选择的属性。

(8)"设置(S)…"按钮。单击该按钮将打开"块属性设置"对话框,如图 8-12 所示。利用该对话框用户可以在"块属性管理器"中定制需要显示的属性信息。

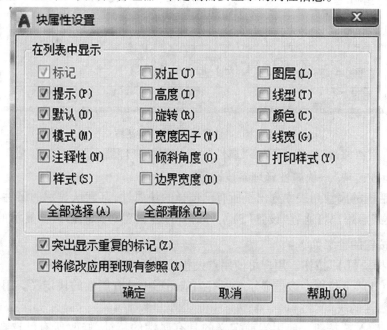

图 8-12　"块属性设置"对话框

(9)"应用(A)"按钮。将用户做出的修改应用于当前图形。

任务三　外部参照

AutoCAD 可以将整个图形作为参照图形附着到当前图形中。通过外部参照,参照图形中所做的修改将反映在当前图形中。附着的外部参照链接至另一个图形,并不真正插入。因此,使用外部参照不会明显改变当前图形文件的大小,可以节省磁盘空间,也有利于保持系统的性能。

一个图形可以作为外部参照同时附着到多个图形中,也可以将多个图形作为外部参照附着到单个图形中。在 AutoCAD 中可以使用"参照"工具栏和"参照编辑"工具栏编辑和管理外部参照。

一、附着外部参照

将图形作为外部参照附着时,会将该参照图形链接到当前图形;打开重载外部参照时,对参照图形所做的任何修改都会显示在当前图形中。附着外部参照的方法如下:

(1)命令行输入"EXTERNALREFERENCES",按 Enter 键;

(2)菜单栏:"插入"→"外部参照"。

执行"外部参照"命令,打开如图 8-13 所示的"外部参照"对话框。用户可以对外部参照进行编辑和管理。单击对话框上方的"附着"按钮,将打开"选择参照文件"对话框,可以添加不同格式的外部参照文件,如图 8-14 所示。

 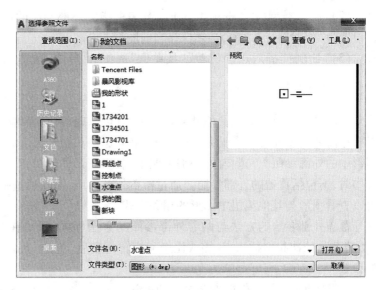

图 8-13　"外部参照"对话框　　　　　　**图 8-14　"选择参照文件"对话框**

　　当在列表中选择了一个附着的外部参照后,单击"打开(O)"按钮,打开"附着外部参照"对话框,如图 8-15 所示。

图 8-15　"附着外部参照"对话框

该对话框中的部分选项含义如下:

(1)"参照类型"选项组。在选项组中指定外部参照的类型。选中"附着型(A)"单选按钮,表示指定外部参照被附着而不是覆盖。附着外部参照后,每次打开外部参照原图时,对外部参照文件所做的修改将反映在插入的外部参照图形中。选中"覆盖型(O)"单选按钮,表示指定外部参照为覆盖型,当图形作为外部参照被覆盖或附着到另一个图形时,任何附着到该外部参照的嵌套覆盖图将被忽略。

　　(2)"路径类型(P)"选项组。下拉列表框指定外部参照的保存路径的类型。将路径类型设置为"相对路径"之前,必须保存当前图形。

　　(3)"比例""插入点""旋转""块单位"选项组,具体用法与前面的内容一致。

二、管理外部参照

　　外部参照可以嵌套在其他外部参照中,既可以附着包含其他外部参照的外部参照,又可以根据需要附着任意多个具有不同位置、缩放比例和旋转角度的外部参照副本,还可以覆盖图形中的外部参照。与附着的外部参照不同,当图形作为外部参照附着或覆盖到另一个图形中时,不包括覆盖的外部参照。通过覆盖外部参照,无须通过附着外部参照来修改图形便可以查看图形与其他编组中图形的相关方式。

　　覆盖外部参照的方法与附着外部参照的方法相同,只是在"参照类型"选项组中选择"覆盖型",依次指定插入点、缩放比例和旋转角度后,单击"确定"按钮,完成覆盖外部参照的设置。

　　打开图形时,所有外部参照将自动更新。另外,用户可以随时更新外部参照,以确保图形中显示最新版本。

　　Autodesk 参照管理器提供了多种工具,点击"开始"→"程序"→"Autodesk"→AutoCAD 2018 – Simplified Chinese→"参照管理器",打开如图 8-16 所示的"参照管理器"对话框,可以在其中对参照文件进行处理,也可以设置参照管理器的显示形式。

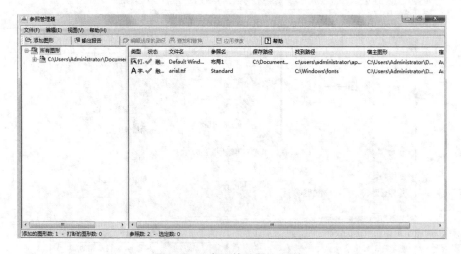

图 8-16 "参照管理器"对话框

■ 小　结

　　本项目中讨论了 AutoCAD 2018 的两个重要功能：块和外部参照。块是将一组实体放置在一起形成的单一对象，用户可以在当前图形中创建图块或是把图块存入一个单独的文件中。当块存入一个文件后，用户就能在其他的图形文件中使用它。

　　把重复出现的图形创建成块使设计人员大大提高了设计效率，并减小了图样的规模。属性是附加到图块中的文字信息，在定义属性时，需要输入属性标签、提示信息及属性的缺省值。属性定义完成后，将它与有关图形放置在一起创建成图块，这样就建立了带有属性的块。

　　外部参照在一些方面与块是类似的，但图块保存在当前图形中，而外部参照则存储在外部文件里，因此采用外部参照将使图形更小一些，并且使多个用户可以同时使用相同的图形数据开展设计工作，相互间随时观察对方的设计结果，这些优点对于在网络环境下进行分工设计是特别有用的。

■ 典型实例

　　绘制带注记的三角点符号，如图 8-17 所示，并将其定义为块。

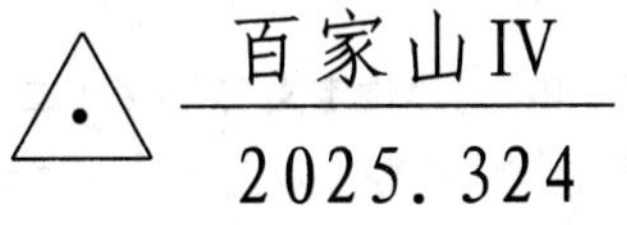

图 8-17　带注记的三角点

　　操作流程提示如下：

　　(1)绘制三角点。

　　在绘图区域的合适位置绘制一个边长为 2 的等边三角形，然后在正方形的中心点绘制一个点，再在三角形的右边绘制一条长为 12 的水平直线，如图 8-18 所示。

图 8-18　三角点

　　(2)定义一个带属性的图块。

　　①命令行输入命令"ATTDEF"或"ATT"，按 Enter 键；或在菜单栏中单击"绘图"→"块"→"定义属性"，弹出"属性定义"对话框，如图 8-19 所示。

　　②在"模式"选项组中选中"固定(C)"复选框，在"属性"选项组中的"标记(T)"文本框中输入"百家山Ⅳ"，在"默认(L)"文本框中输入"百家山Ⅳ"，其余属性使用默认值。

　　③单击"确定"按钮，在三角点右侧横线上方指定起点。

　　④在命令行输入命令"ATTDEF"或"ATT"，按 Enter 键，或在菜单栏中单击"绘图"→

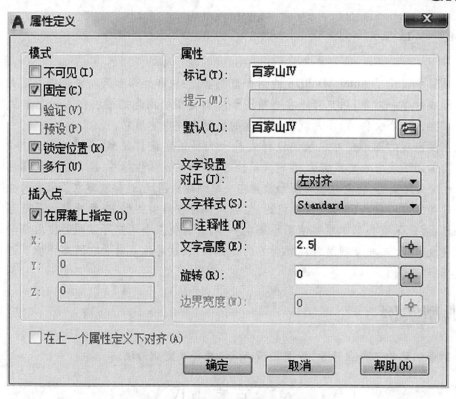

图 8-19 "属性定义"对话框(二)

"块"→"定义属性",弹出"属性定义"对话框,如图 8-20 所示。

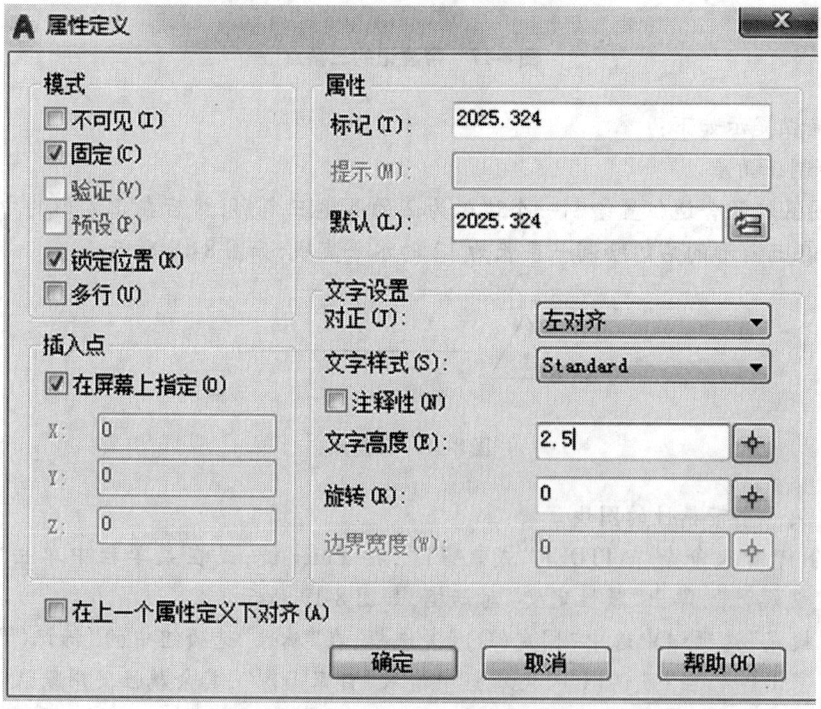

图 8-20 "属性定义"对话框(三)

⑤在"模式"选项组中选中"固定(C)"复选框,在"属性"选项组中的"标记(T)"文本框中输入"2025.324",在"默认(L)"文本框中输入"2025.324"。

　　⑥其余属性使用默认值,单击"确定"按钮,在三角点右侧横线下方指定起点。

　　(3)创建三角点为带有注记的外部图块。

　　①命令行输入"WBLOCK"命令,按 Enter 键,弹出"写块"对话框,如图8-21 所示。

图 8-21　"写块"对话框(二)

　　②在"写块"对话框中的"源"选项组中选择"对象(O)"单选按钮。

　　③在"基点"选项组中单击"拾取点(K)"按钮,用鼠标在绘图区域单击三角形中心作为基点。

　　④在"对象"选项组中单击"选择对象(T)"按钮,用鼠标在绘图区域框选全部图形对象,按空格键或按 Enter 键确认。

　　⑤在"目标"选项组中选择目标存储路径和输入文件名为"三角点",如图8-21 所示。

　　⑥单击"确定"按钮,即创建了一个带有属性的三角点符号,如图8-17 所示。

■ 复习思考题

　1. 在 AutoCAD 2018 中如何创建块和定义、编辑块的属性?

　2. 块与外部参照的区别是什么?

　3. 创建有固定属性值的图块,如图8-22 所示。

4.修改复习思考题 3 的属性值,单击名改为"苗岭Ⅱ等",高程改为"2037.445",如图 8-23 所示。

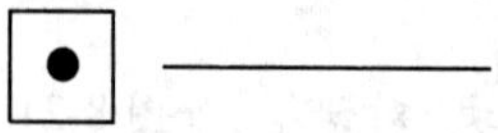

图 8-22　有固定属性值的图块

图 8-23　修改属性值的图块

项目九　地形图的绘制

地形图是测图工作的一项重要成果,测量人员经常需要绘制。通过本项目的学习,应了解地形图的基本知识,掌握地形图的点、线、面符号的绘制方法。掌握控制点、碎部点展绘和等高线绘制的方法。

任务一　地形图符号的绘制

地形图通过一定颜色的点、线和各种几何图形等特定的符号来表示各种复杂的地物与地貌,这些点、线和各种几何图形被称为地形图符号。地形图符号一般与文字、数字等注记符号配合使用来说明地物、地貌的名称、性质和数量,能更清晰准确地表达地形图的内容。

《国家基本比例尺地图图式　第 1 部分:1∶500 1∶1 000 1∶2 000地形图图式》(GB/T 20257.1—2017)对地形图符号做了统一规定,由于地物种类繁多,地形图符号也就相应很多,需要对这些符号进行科学分类。地形图符号通常可分为依比例符号、半依比例符号和非依比例符号。

(1)依比例符号。

实地地物较大,按比例尺缩小后能够显示在地形图的地物,将其轮廓线按规定的符号描绘在地形图上,这种符号称为依比例符号。依比例符号的形状、大小和位置表示了地物的实状,可从图上量测其长度、面积等。例如,房屋、湖泊等。

(2)半依比例符号。

地面上一些带状延伸地物,由于其宽度较小,按比例缩小到图上仅是一条线,所以其长度按比例表示,而宽度不按比例表示,这类符号称为半依比例符号,其符号中心线即为实地地物中心线的图上位置。

(3)非依比例符号。

地面面积较小,但有重要意义的地物,如果按比例尺缩小后,绘制到图上仅是一个点或者极小的图形,无法将其性质、形状、大小等表示清楚。GB/T 20257.1—2017 规定了一些形象的图形符号来表示,这类符号称为非依比例符号,如导线点、路灯等。这类符号图形仅表示属何种地物,不表示地物的大小和实形。符号的定位点是实地地物中心在图上的位置,非依比例符号的定位点参见 GB/T 20257.1—2017。

一、绘制地形图点符号

点符号可分为两种类型:一类是只有符号,如路灯、水塔、窑洞等;另一类是符号旁带有注记,如控制点、三角点等。制作独立地物符号和平常作图一样,直接在 AutoCAD 中画出独立地物符号,然后利用 AutoCAD 中块的特性,将独立地物符号按地形图图式中规定的几何尺寸依比例1∶1画出后以块保存命令将其保存为一个个独立的图形文件,在需要的位置用块命令(insert)将其插入到图形中来。图 9-1 为地形图图式中部分独立地物符号,图 9-2 为部分独立地物符号的尺寸及定位点。

图 9-1　地形图图式中部分独立地物符号

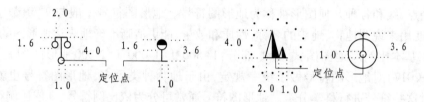

图 9-2　部分独立地物符号的尺寸及定位点

(一)绘制点符号

以绘制路灯为例,启动 AutoCAD 2018。

(1)在绘图区域合适位置绘制直径为 1 的圆,以该圆最底部的象限点为起点向上绘制长度为 4 的垂直线,再绘制顶部长度为 2 的水平线,然后绘制垂直线两侧的短垂线和圆,最后进行修剪,如图 9-3所示。

(2)命令行输入命令"WBLOCK",按 Enter 键,弹出如图 9-4 所示"写块"对话框,在该对话框"源"选项组中选择"对象(O)"复选框,"基点"选项组中单击"拾取点(K)"按钮,用鼠标在绘图区域单击下边圆的圆心为基点,然后在"写块"对话框中的"对象"选项组中单击"选择对象(T)"按钮,在绘图区域框选路灯的全部图形对象,按 Enter 键确认。然后在"目标"选项组中选择目标存储路径,并输入文件名为"路灯",单击"确定"按钮,创建了一个名为"路灯.dwg"的外部图块,即创建了一个路灯的点符号。

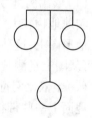

图 9-3　路灯的绘制

(二)绘制带注记的点符号

以绘制导线点为例,启动 AutoCAD 2018。

(1)在绘图区域合适位置绘制一个边长为 2 的正方形,然后在正方形的中心点绘制一个点,再在正方形的右边绘制一条长为 12 的水平直线。

(2)参照项目八"块的属性",定义一个块的属性。

(3)创建外部图块,基点为正方形的中心,对象为所有图形对象。

这样即创建了一个带注记的点符号图块,如图 9-5 所示。

图9-4 "写块"对话框(三)

图9-5 二等导线点的绘制

二、绘制地形图线符号

AutoCAD 提供的标准线型是由名为 ACAD.LIN 的标准线型库文件定义的,标准线型库包含通用线型、ISO 线型和复合线型三大类。其中含通用线型 24 种、ISO 线型 14 种,另有包含形定义的复合线型 7 种。由于库中提供的大多数线型在地形图图式中不可用,为此需要根据图式要求重新进行各类线型设计,如铁路、公路、小路、各种管道、电力线、通信线、行政区界线等。

(一)线型文件的结构

线型文件是以 .lin 为扩展名的文本文件,它可以用记事本等 ASSCⅡ文本编辑软件来查看和编辑。线型文件编辑好后保存在 AutoCAD 2018 安装目录下的 Support 子目录中,这样就可以进入 AutoCAD 程序的默认调用路径中。线型文件可以包含多个线型定义,文件中可

以插入任何说明,只需在行首加上符号";;"。

(二)简单的线型文件定制

1. 简单线型文件定义说明

简单线型由重复使用的虚线、空格、点组成,例如:

＊县界(宽.2), – . – . – . – . – . – . –

A,2.0, –1.0,0, –1.0

说明:第一行中"＊"为标识符,标志一种线型定义的开始;"县界"为线型名,"宽.2"表示线宽为0.2 mm,最后是用字符对线型形状的粗略图示描绘,表示县界是点画线的形状(描绘是示意性的,不对实际线型的形状产生影响)。第二行必须以"A"开头,表示对齐类型;"2.0"表示绘2个单位的短画线;"–1.0"表示一个单位的空格,"0"表示点。

2. 简单线性文件定制实例

下面以地形图图式中的小路为例,介绍通过编辑线型文件 ACAD. LIN 的方法来了解建立小路线型的过程,如图9-6所示。

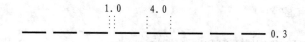

图9-6 小路的图示符号

由图9-6可知,地形图图式中的小路是一虚线,由短画线和空格组成。其中短画线长为4 mm、空格宽为1 mm、线宽为0.3 mm。需要说明的是,此处小路的线宽0.3 mm是无须考虑的,因为线宽可以在 AutoCAD 绘图时来控制。

(1)打开 ACAD. LIN 文件,并在文件的最后输入下面两行;

＊FOOTPATH,— — —

A,4, –1

(2)保存此文件退出文本编辑器,用同样的方法修改 ACADISO. LIN(必须保持两个文件相同)。

(3)加载 FOOTPATH 线型,命令行输入"Linetype"命令,弹出"线型管理器"对话框,如图9-7所示,点击"加载(L)…"按钮,在"acadiso. lin"或"acad. lin"文件的可用线型中找到 FOOTPATH,按"确定"按钮返回线型管理器,此时 FOOTPATH 已在线型列表框中。

(三)带形定义的线型的定制

对于虚线和点虚线类的线型,如建设中的等级公路、大车路、乡村路、内部道路、村界等可按前面定义小路的方法进行自定义。但是对于复杂的线型,如陡坎、斜坡、栅栏、铁丝网、篱笆、不依比例围墙、国界等,在 AutoCAD 2018 要采用带形定义的线型来表达。

1. 形的概念

形是一种能用直线、圆弧和圆来定义的特殊实体,它可很方便地被绘入图形中,并可按需要依比例系数缩放及按旋转角度旋转,以获得不同的位置和大小。在 AutoCAD 2018 中,形从定义到绘入图中需经以下几个步骤:

(1)按规定格式进行形定义。

(2)用文本编辑器或字处理器建立形文件,形文件类型为". shp"。

(3)对已生成的形文件进行编译,生成". shx"文件。

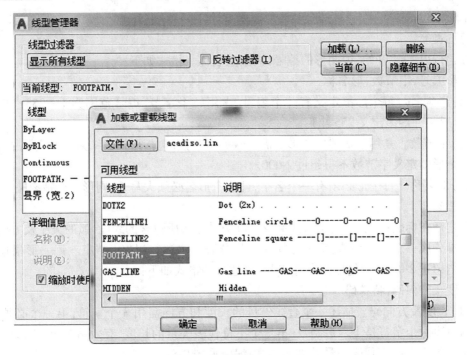

图9-7 加载自定义线型

（4）载入编译后的形文件（".shx"文件）。

（5）使用形。

2. 形文件的编译与调用

（1）建立形文件。形文件是一个 ASCⅡ码的文件，按照上面所讲形的定义格式利用文本编辑器或字处理器来建立一个.shp 文件。

（2）编译形文件。用文本编辑器建立的.shp 形文件，不能被 AutoCAD 直接调用，必须经过编译才行。编译形文件就是把 ASCⅡ码的.shp 文件转换成 LOAD 或 STYLE 命令所接受的格式，即生成.shx 文件。对形文件进行编译的命令及格式为：

命令：compile

AutoCAD 将显示"选择形或字体文件"对话框，提示用户输入要编译的.shp 形文件名。编译完成后，屏幕上显示如下信息：

编译形/字体说明文件

编译成功，输出文件 C:\Documents and Settings\Administrator\桌面\ltypeshp.shx。被编译后形成的文件名与原定义的文件名相同，只是扩展名变成.shx，这是一个可被 LOAD 命令装入 AutoCAD 系统的文件。

（3）加载形文件。编译后的形文件在被使用前必须被加载到 AutoCAD 系统中。加载形文件的命令为 LOAD，它的功能是选择.shx 文件后，系统将自动将其加载。

（4）插入形。当形文件被加载后，就可以用 shape 命令把形插入当前绘制的图形中去。形被插入时，可以放大、缩小或改变其方向，与插入块相同。

3. 形定义的格式说明

形定义具有一定的格式和规定，用户必须严格遵守。每个形的定义包含有一个标题行和若干形描述行。

1）标题行

标题行以"＊"开始,说明形的编号、大小及名称。格式如下:

＊形编号,字节数,形名称

（1）形编号。每个形都定义有一个编号,占用一个字节,编号范围为 1～255。也就是说,一个形文件最多定义 255 个形。

（2）字节数。是用于描述一个形所需的数据字节数,包括形描述结束符"0"所占用的字节。每个形的定义字节数不得超过 2 000。

（3）形名称。每个形必须有一个名字,且这个形名必须大写,否则形名会被忽略。

2）描述行

描述行在标题行之后,它是用数字或字母来描述形所包含的线段、弧的大小及方向。数字和字母分成一个一个字节,字节之间用逗号分开。描述行以"0"结束。每一形描述的字节数不能超过 2 000 个,包括结束符"0"。描述行的格式如下:

长度及方向码,特殊码

（1）长度及方向码。描述一个直线矢量的长度和方向需用 3 个字符,第一个必须是 0,它表示后边两个字符是十六进制数;第二个字符代表矢量的长度,有效值为 1～F(1～15 个单位长);第三个字符代表矢量的方向,方向编码见图 9-8。

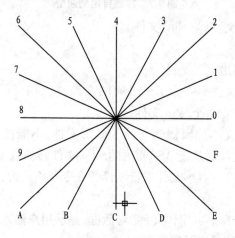

图 9-8　矢量方向编码

（2）特殊码。为定义不同对象,如直线段、圆弧以及描述各种状态,抬笔、落笔和形定义结束等,AutoCAD 设定了一些特殊描述码。这些码是专用的,前两个字符均为 0。它们是:

000　　　形定义结束

001　　　激活绘图模式（落笔）

002　　　关闭绘图模式（抬笔）

003　　　用下一个字节除矢量长度

004　　　用下一个字节乘矢量长度

005　　　将当前位置压入栈

006　　　将栈中内容弹出当前位置

007　　　　画出由下一个字节给出的子形

008　　　　下两个字节给出(X,Y)位移量

009　　　　由$(0,0)$结束的多个$X-Y$位移

00A　　　　由下两个字节定义八分弧

00B　　　　由下五个字节定义的小段弧

00C　　　　由(X,Y)位移和凸度定义的弧

00D　　　　多个指定凸度的弧

00E　　　　只在垂直文本方式处理下一个命令

3)形定义示例

例如形定义如下：

＊230,6,DBOX

014,010,01C,018,012,0

第一行为标题行,它说明形编号是230,定义所占用字节数为 6,形名为"DBOX"。第二行为描述行,用5个字节描述五条线段, 每个字节的第一位"0"代表后边两位数是十六进制数,第二位"1" 表示矢量长度的单位长度,第三位数字表示矢量方向,最后一个 字节"0"表示形定义的结束。该矢量方向编码构造如图9-9所示 的形。

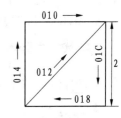

图9-9　形 DBOX

4.带形定义的线型定制实例

根据形的定义建立陡坎线型符号如图9-10所示。由地形图 图式中的陡坎符号可知,相邻两个齿牙间的间距为2.0 mm,齿牙高为1.0 mm。

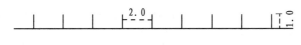

图9-10　未加固陡坎

1)建立形文件

先将陡坎线型符号分解成单个的"⊥"形符号,然后按10∶1的比例画出"⊥"形符号的 形状(见图9-11),并对照标准矢量方向编码,写出其形的完整定义如下：

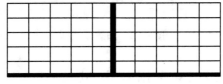

图9-11　陡坎

＊100,9,RIDGE

003,00A,001,0a0,002,058,001,054,0

将上述定义写入记事本,并以"MyLine.shp"保存在 AutoCAD 的 support 目录下。解释 如下：

形的编号为100,共9个字节,形名为 RIDGE。

描述行具体含义参考附录部分,这里解释该实例含义。前两个字节是(3,10),其含义

是后面所有矢量均被 10 除。字节 1 为落笔画线,后面的 0a0 表示沿水平方向画长度为 10 个单位的矢量。字节 2 为抬笔不画线,后面的 058 表示将笔水平向左移动到"⊥"形符号的底部中心。后面的字节 1 为落笔画线,054 表示向上画长度为 5 个单位的矢量,最后的 0 表示形定义结束。

2)编译形文件

在命令行键入"compile"命令,输入形文件"MyLine. shp",按"确定"键,这样编译好的"MyLine. shx"文件就出现在相同的目录下面。

3)建立陡坎线型文件

打开记事本,输入下面两行陡坎线型的完整定义,然后以"MyLine. lin"保存在 AutoCAD 的 support 目录下。

＊RIDGE, － － －｜－ － －｜－ － －

A,1,[RIDGE,MYLine. SHX,S = 2],1

4)加载"MyLine. lin"线型文件

加载"MyLine. lin"线型文件,并将名为 RIDGE 的线型设置为当前线型,如图 9-12 所示。

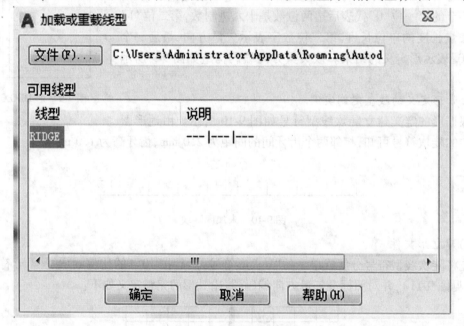

图 9-12　加载新线型

5)启动 pline 画线命令

启动 pline 画线命令,陡坎线型便制作好了。其他线型可参照此方法建立。

三、绘制地形图面符号

在地形图的绘制中,除点状和线型地形地物外,还有区域地形,即面状图形的绘制,如耕地、草地、林地等。在 GB/T 20257. 1—2017 中,面状图形的地物符号主要有两类:一类是地貌和土质,另一类是植被。面状地物符号是由范围界限和点符号或线符号组合而成的,在地形图上多用图案填充来实现,填充符号不表示地物的实际位置,也不表示地物的实际大小。

（一）定制图案填充文件

同线型文件一样，AutoCAD 2018 提供的标准图案填充是由名为 ACAD. PAT 的标准图案库文件定义的。标准图案库包含通用的各种图案。由于库中提供的填充图案在地形图式中不可用，为此需按照定义线型的方法对图案进行设计。ACAD. PAT 与 ACAD. LIN 一样，也是一个文本文件，直接用记事本打开可进行修改和编辑，以满足需要。

1. 图案的构成

一个阴影填充图案由一簇或几簇有规律的图案线组成，每一簇图案线中的各条线相互平行且线型相同。因此，只要确定了该线簇中的一条基准图案线的线型及其相邻平行线与该基准线的相对位置，则这一簇图案线就唯一确定。

在 AutoCAD 中，基准图案线的方位由三个参数决定，即基准线起点在绘图坐标中的坐标及基准线与 X 轴的夹角 A（逆时针方向为正）。基准图案线的线型与 AutoCAD 线型库中线型参数完全相同。当线型为实线时可以不定义。在基准图案线确定以后，相邻平行线与基准图案线的相对位置由两个参数确定，即相邻平行线起点与基准图案线起点在线的长度方向上的距离 dL 和平行线间的距离 dS。图 9-13 为上述几个参数的几何意义。一般情况下取 $dX=0, dY=0$。若一个图案线由几簇平行线叠加而成，则要对每簇平行线分别确定上述参数。

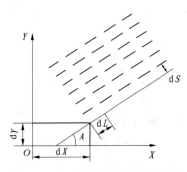

图 9-13 定义阴影填充图案的参数

2. 图案的定义格式

在 AutoCAD 2018 的图案库文件中，图案的定义采用如下格式：

＊图案名，[图案描述说明]

定义第一簇平行线的参数

定义第二簇平行线的参数

……

在上述格式中，方括号内是对该图案的进一步说明，可以省略。定义每一平行线簇的参数为一行，各参数之间用逗号分开。每一行的定义格式如下：

A, dX, dY, dL, dS ［定义线型的一组参数］

其中方括号内为选项，当线型为实线时不需此项。

3. 图案文件的建立与应用

图案文件的定制是在 AutoCAD 2018 的标准案库文件 ACAD. PAT 中增加新内容或修改原有的图案定义；也可以建立用户自己的图案文件，其文件扩展名必须为 PAT，文件名任意，但不能是 ACAD。为使用方便，最好将用户图案文件存放在 ACAD. PAT 所在的目录下。需注意的是，AutoCAD 的用户图案文件中只允许定义一种图案，且图名必须与图案文件同名。如果用户要建立几个图案，就要分别建立几个图案文件。

在 ACAD. PAT 中增加新内容或修改原有的图案步骤如下：

用记事本打开 ACAD. PAT，在该文件的结束处，按上述的图案定义格式插入新增加图案并存盘退出。注意不能插在原有的某一图案定义的中间，若需修改原有的图案定义，只需找到该图案的定处，直接修改其定义参数并存盘退出即可。启动 AutoCAD 2018，即可用新增加或修改后的图案填充。图案填充方法与 AutoCAD 2018 中原标准图案填充方法相同。

（二）图案的定义实例

根据图案的定义建立旱地图案填充符号，如图 9-14 所示。

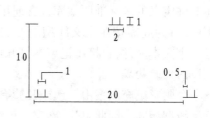

图 9-14　旱地填充图案

1. 确定旱地填充图案定义

由图 9-14 可知，该图案由两个"⊥⊥"符号（三组平行线叠加）组成，即由六簇虚线构成，两个横虚线为 2，－18，四个竖虚线为 1，－19，共需定义六组参数。旱地填充图案参数定义如下：

＊Dryland，旱地

0,0,0,0,20,2,－18	[第一个符号横线簇定义]
0,10,10,0,20,2,－18	[第二个符号横线簇定义]
90,0.5,0,0,20,1,－19	[第一个符号左竖线簇定义]
90,10.5,10,0,20,1,－19	[第二个符号左横线簇定义]
90,1.5,0,0,20,1,－19	[第一个符号右横线簇定义]
90,11.5,10.0,0,20,1,－19	[第二个符号右横线簇定义]

2. 写入 ACAD. PAT 文件

用记事本打开 ACAD. PAT 文件，在文件的末尾添加上述定义内容并存盘。需注意的是，同线型文件一样，用同样方法修改 ACADISO. PAT 文件（两个文件必须保持相同）。

3. 调用定义的图案

启动 AutoCAD 2018，在命令行键入"hatch"后，弹出"图案填充创建"对话框，点击图案中的 按钮，下拉条框，即可找到 Dryland 定义图案，如图 9-15 所示，选择该图案在封闭区域进行图案填充即可。

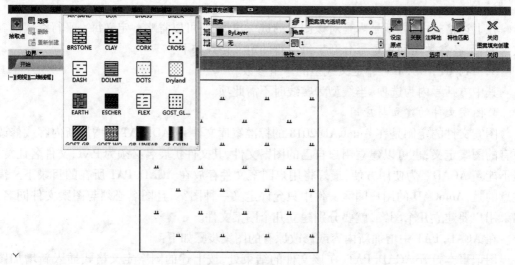

图 9-15　Dryland 定义图案

■ 任务二　展绘控制点与绘制碎部点

一、展绘控制点

控制点是指在进行测量作业之前,在要进行测量的区域范围内,布设一系列的点来完成整个区域的测量作业。地形图是以地面控制点为基础,测量出控制点至周围各地形特征点的距离、角度、高差以及测点与测点间的相互位置关系等数据,并按一定的比例将这些测点缩绘到图纸上,绘制成图。

在展绘控制点之前,需按前面讲过的方法制作各级控制点符号,并假定已将如图 9-16 所示的卫星定位等级点符号根据块定义并用文件名"卫星定位控制点"将其保存在 Auto-CAD 2018 的目录中。下面以展绘该控制点为例介绍如何展绘控制点。

![图 9-16 卫星定位控制点符号，标注有 2.4、2.4、1.0、3.0 等尺寸，下方为 93.714，点名为"八岭山"]

图 9-16　卫星定位控制点

假设有一卫星定位控制点,点名为"八达岭",其测量坐标 $X = 3\ 411\ 662.919$ m,$Y = 574\ 074.211$ m,$H = 93.714$ m。现按绘图比例尺为 1:2 000 展绘该控制点,并注记点名和高程。其步骤如下:

(1)启动 AutoCAD 2018,设置图形单位为"公制(M)"。

(2)创建 KZD(控制点)图层,设置为红色,并将 KZD 图层设为当前图层。

(3)进一步设置"continuous"线型,并将线宽变量置为 0。

(4)用"insert"命令插入控制点符号,在"插入"对话框中分别填入测量坐标(注意测量 X、Y 坐标与图中 X、Y 坐标的顺序),在缩放比例框中填入 2,角度框中填入 0,如图 9-17 所示。最后按"确定"按钮返回 AutoCAD 2018 绘图界面。

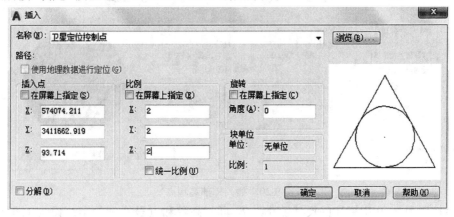

图 9-17　展绘卫星定位控制点

(5)按照图 9-16 中标注的尺寸放大一倍,即将控制点名"八岭山"和高程值"93.714"的字高设为 4.8,上下字的边线与分数线空宽为 2,分数线左端离控制点符号中心空宽为 4.8。过符号中心用 pline 命令画出分数线,在分数线两边用 text 命令标注点名(按中下对齐)和高程值(按中上对齐)。

（6）最后将当前图层设为 0 层。完成展绘后的卫星定位控制点如图 9-18 所示。

想一想，若将此卫星定位控制点按绘图比例尺为 1∶500 进行展绘，如何操作？

二、绘制碎部点

碎部高程点的符号如图 9-19 所示，点符号为一实心圆，半径为 0.5 mm，右边数字注记字高为 2.0 mm，中间的空宽 2.0 mm。假定已将图 9-19 所示的点符号根据块定义并用文件名 POINT 将其保存在 AutoCAD 的目录中。下面将通过例子来介绍碎部点的绘制。

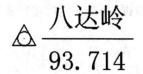

图 9-18　卫星定位控制点　　　　　　　**图 9-19　高程点**

假设一碎部点，点号为 108，测量坐标 X = 3 411 728.019 m，Y = 573 194.257 m，H = 87.605 m。现按绘图比例尺为 1∶500 展绘该碎部点，并注记点号和高程。操作步骤如下：

（1）启动 AutoCAD 2018，设置图形单位为"公制（M）"。

（2）分别创建 GCD（高程点）和 ZDH（展点号）图层，并分别设置为红色和黄色，先将 GCD 图层设为当前图层。

（3）设置"continuous"线型，并将线宽变量置为 0。

（4）用"insert"命令插入碎部高程点符号，在"插入"对话框中分别填入测量坐标（注意测量 X、Y 坐标与图中 X、Y 坐标的顺序），在缩放比例框中填入 0.5，角度框中填 0，如图 9-20 所示。最后按"确定"按钮返回 AutoCAD 绘图界面。

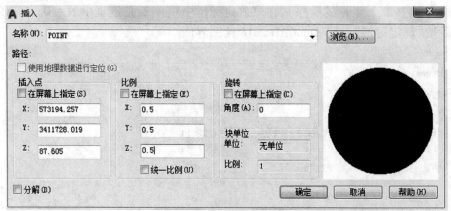

图 9-20　插入碎部高程点

（5）按照图 9-19 中标注的尺寸缩小一倍，即将高程和点号注记的字高设为 1.0，注记和点符号空宽设为 1.0。在点符号的右边用 text 命令（按左中对齐）标注高程值。

（6）将 ZDH 层设为当前图层，在点符号的下边用 text 命令（按中上对齐）标注点号。最后将当前图层设为 0 层。完成展绘后的碎部高程点如图 9-21 所示。

● 87.605
108

图 9-21　碎部点

任务三　绘制等高线

一、等高线的绘制

在地形图中,等高线是表示地貌起伏的一种重要手段。在内插等高线高程时,把相邻点间的坡度看成是均匀的(见图9-22中的 A、B 两点)。因此,根据等高线的平距与高差应呈正比这个关系,就可以定出任意相邻两点间的各条等高线通过的位置。根据图9-22所示的数据,计算出各等高线高程距起点 A 之间的平距。

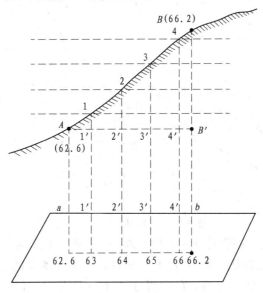

图9-22　等高线的内插

计算每1 m等高线的平距为

$$d_{1\,m} = \frac{ab}{66.2 - 62.6} = \frac{ab}{3.6}$$

由 A 点到1点(63 m)的水平距离为

$$a1' = \frac{ab}{3.6} \times (63 - 62.6) = \frac{ab}{3.6} \times 0.4$$

由 A 点到4点(66 m)的水平距离为

$$a4' = \frac{ab}{3.6} \times (66 - 62.6) = \frac{ab}{3.6} \times 3.4$$

在 AutoCAD 2018 中绘制等高线,首先要把图中的离散碎部高程点用三角形连接起来,形成如图9-23所示的三角网。然后用数学方法确定三角形的每一条边上是否有等高线通过,如有等高线通过,则按下面公式计算出等高线的平面坐标:

$$\left. \begin{array}{l} X = X_1 + \dfrac{X_2 - X_1}{Z_2 - Z_1} \times (Z - Z_1) \\[2mm] Y = Y_1 + \dfrac{Y_2 - Y_1}{Z_2 - Z_1} \times (Z - Z_1) \end{array} \right\} \tag{9-1}$$

式中：(X_1,Y_1,Z_1) 和 (X_2,Y_2,Z_2) 为三角形边两端点（碎部高程）的三维坐标，是已知的。根据等高距确定等高线的高程 Z 后，计算出相应的平面位置 X 和 Y。

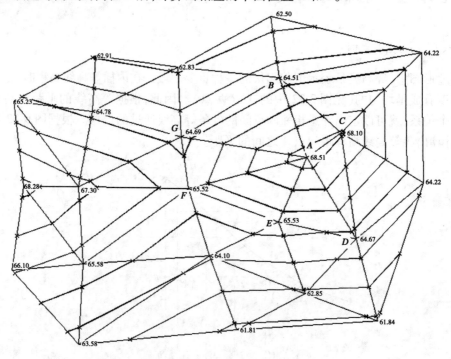

图 9-23　三角网 （单位：m）

例如图 9-23 中的七个高程点 $A—G$，构成六个三角形。A、B 两点的高程分别为 68.51 m 和 64.51 m，65 m 的等高线从三角形边 AB 上通过。将 A、B 两点的坐标和高程，以及 $Z=65$ 代入式（9-1），计算出在 AB 边上通过的位置，用"×"号标示；同样可计算出当 $Z=66$ m、$Z=67$ m 和 $Z=68$ m 时等高线在边 AB 上通过的位置，用"×"号标示。

用同样的方法分别计算出当等高线为 62 m、63 m、64 m、65 m、66 m、67 m 及 68 m 时，各三角形边通过的位置，然后将相邻三角形边上高程相同（"×"号标示）的点用 pline 命令画线连接起来，得到图 9-23 所示的没有拟合的等高线图。

最后执行"pedit"命令后选用"样条曲线（S）"进行光滑处理，得到如图 9-24 所示的等高线。

综上所述，在 AutoCAD 2018 中绘制等高线的步骤如下：

（1）按照如前所述的方法根据比例尺展绘碎部高程点，注记相应高程。

（2）分别新建"三角网"图层（白色）和"等高线"图层（黄色），设置"continuous"线型，线宽置零。

（3）置当前图层为"三角网"图层，用 pline 命令将每相邻最近三点画线闭合。注意两个三角形不能相交，亦不能重合，且每个三角形的角不能太小，也不能太大。

（4）根据等高距确定图中可能等高线出现的值，如图 9-23 中等高线的高程从 62 m 到 68 m，并按式（9-1）计算三角形每一条边等高线通过的坐标，在图上用"×"标示。

（5）置当前图层为"等高线"图层，将相邻三角形边上高程相同（"×"标示）的点用"pline"命令根据线宽画线连接起来，最后执行"pedit"命令后选用"样条曲线（S）"进行光滑

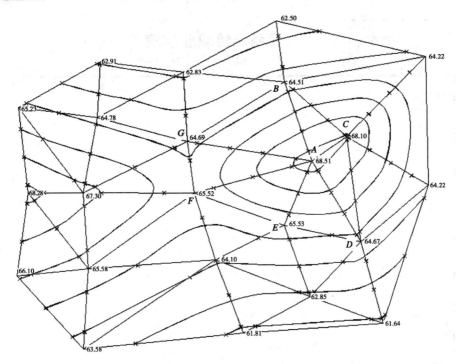

图 9-24　样条光滑后的等高线　（单位：m）

处理。

注意：在用 pline 命令画等高线时，需要根据图式输入线宽。当比例尺为 1∶1 000 时，对于首曲线，线宽为 0.15，计曲线线宽为 0.3；当比例尺为 1∶2 000 时，首曲线线宽为 0.3，计曲线线宽为 0.6；当比例尺为 1∶500 时，首曲线线宽为 0.075，计曲线线宽为 0.15。

二、计曲线的绘制

在绘制好的等高线中，按照实际情况和数字书写习惯（高程值的个位数为 0 或 5），为方便计数使用，每隔 4 条等高线加粗一条，这条加粗的等高线即为计曲线。在计曲线适当的位置，使用"打断"命令将等高线打断，最后在计曲线上被打断的空白位置标注上高程，注意不能让数字与等高线重叠。

任务四　地形图图廓的绘制

地形图编辑修改工作完成后需要对图形进行分幅，加图框。我国大比例尺地形图测量中规定，地形图按矩形 50 cm × 50 cm 或 40 cm × 50 cm 标准尺寸进行分幅。

由于同一测区所使用的图框除图名不同外，其他是完全相同的，因此可将图框按图式要求绘制好后按图块保存，使用时直接插入图中。

一、地形图图廓规格

地形图图廓分内外图廓线、坐标格网线、图廓文字与坐标注记等，其规格要求如图 9-25 所示。

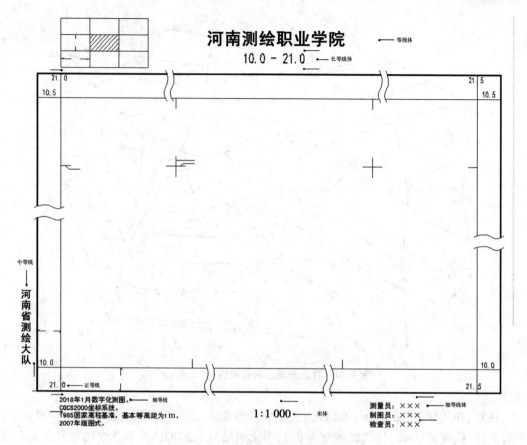

图 9-25   大比例尺图廓及注记规格

二、内外图廓线、坐标格网线的绘制

绘制内外图廓线和坐标格网的关键是计算好每个直线端点的坐标。例如,若将内图廓左下角点的坐标设为(0,0),这样下面一条内图廓线端点的坐标为(−12,0)和(512,0),下面一条外图廓线端点的坐标为(−12,−12)和(512,−12),其他图廓线端点的坐标可依此推出。下面列出绘制步骤和操作命令:

(1)新建"图廓"图层,设置颜色青色(索引颜色号4),并设为当前图层;

(2)设置线型为"continuous",将线宽设置为0;

(3)启动"pline"命令,根据图 9-25 中的尺寸(50 cm×50 cm)按1:1绘制内外图廓线;

(4)最后绘制图中的格网坐标短线。

三、内外图廓文字标注

先按照图 9-25 中标注的字号和间隔宽确定文本的插入点坐标,然后用"TEXT"命令逐一进行标注。例如,要标注第一行"2018 年 1 月数字化测图",由内图廓左下角坐标为(0,0)可以推算出文本左上对齐方式时插入点坐标为(0,−15)。

其他文本可仿此逐一标注在图廓上。按要求绘完图廓后用的块命令保存。

注意：①用块命令"wblock"存盘时，其插入点选在内图廓左下角(0,0)处；②当用"insert"插入图中后，若要修改图名，应先用"explode"命令将其分解，然后才能修改图廓。

▮ 小　结

本项目详细介绍了 AutoCAD 2018 中有关地形图中点符号、线符号和面符号的绘制方法，也介绍了控制点和碎部点的展绘方法以及等高线和图廓的绘制。通过本项目的学习，要求读者能够快速地利用相关方法绘制简单的地形图、点、线、面符号。

▮ 典型实例

1. 根据图 9-26 和图 9-2 给出的独立地物符号形状及尺寸，制作各地物符号并保存为块。

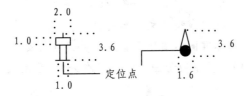

图 9-26　水塔和散热塔

2. 根据下面给出的栅栏线型符号的形的完整定义，定制带形定义的栅栏线型。

＊101,4,FENCEA

003,00A,0aC,0

＊102,9,FENCEB

003,00A,002,050,001,00A,(005,000),0

对应的线型文件中线型定义如下：

＊FENCE，－－｜－－－@－－－｜－－－@－－－｜－－－@－－

A,4.5,[FENCEA,Myline.SHX,Y＝1],4.5,－0.5,[FENCEB,Myline.SHX],－0.5

3. 以下是水稻田和菜地填充图案参数的定义，尝试建立水稻田和菜地的图案填充符号。

＊Paddy,水稻田

90,0,0,0,20,3,－17

90,10,10,0,20,3,－17

45,0,0,0,14.14213562,0.707106781,－13.43502884

135,0,0,0,14.14213562,0.707106781,－13.43502884

＊Kaleyard,菜地

45,0,0,0,14.14213562,2,－12.14213562

135,0,0,0,14.14213562,1,－13.14213562

0,－1,0,20,20,2,－18

4. 请将表 9-1 所给出的碎部点坐标展绘到图上。

表 9-1　碎部点坐标 (单位:m)

点名	X 坐标	Y 坐标	H 高程	点名	X 坐标	Y 坐标	H 高程
1	499.99	277.10	1 847.9	5	294.89	372.91	1 842.6
2	463.91	223.03	1 843.2	6	429.69	160.33	1 840.9
3	570.26	455.45	1 844.1	7	629.13	167.06	1 845.1
4	782.96	365.32	1 843.8	8	818.09	105.40	1 841.7

5.将典型实例题 4 所展绘的碎部点用内插法绘出等高线,等高距为 1 m。

■ 复习思考题

1.地形图符号按比例尺的大小可以分为哪三类?

2.AutoCAD 2018 提供的标准线型库文件名是什么?

3.AutoCAD 2018 提供的标准图案填充图案库文件名是什么?

4.我国大比例尺地形图测量中地形图按矩形标准分幅,图幅尺寸是多少?

项目十　地籍图与房产图的绘制

地籍是指国家为了一定的目的,记载土地的权属、界址、数量、质量和用途等基本情况的图簿册。依据法律规范,对每宗地(由界址线包围的土地)的土地权属、位置、界址、数量、质量以及利用状况进行调查(包括测绘),并将所获状况记载在案(成图、成卡、簿册、文件或法律证书)的信息集及其载体,其核心意义在于反映土地权利之归属。

地籍图是地籍测量绘制的图件,是一种详细划分土地权属(所有权或使用权)界限的大比例尺地图,用于说明或证明权属土地的位置和面积等。地籍图是土地权属状况和利用状况的真实写照,其上详尽图示行政界、权属界、地类界、宗地等调查单元的类别、土地所有者或土地使用者及四至名称编号和面积、线状地物、居民点状况等项内容,精确表示了土地权属界线,特别是标出了独立权属地段的界线、编号及土地权属状况,是土地统计和确认权属的法律依据。地籍图可分为基本地籍图和宗地图。

房产图是房地产产权、产籍管理的重要资料,按房产管理的需要分为房产分幅平面图(简称分幅图)、房产分丘平面图(简称分丘图)和房产分户平面图(简称分户图)。

其中,房产分幅图和基本地籍图可为房地产权属、规划、税收等提供服务。房产分户图供核发房屋所有权证使用,宗地图供核发土地使用权证使用。

任务一　地籍图的绘制

一、地籍图概述

(一)地籍图的概念

地籍图是一种专题地图,专门用以说明土地及其附着物的权属、位置、质量、数量和现状,是国家土地管理的基础性资料,具有法律效力;是土地登记、发证和收取土地税的重要依据。

地籍图和地形图一样,有固定的图幅大小和确定的比例尺。我国地籍图比例尺一般规定为:城镇地区(指大、中、小城市及建制镇以上地区)地籍图的比例尺为1:500(城镇市区)和1:1 000(城镇郊区);农村居民地(或称宅基地)地籍图的比例尺为1:1 000 或1:2 000。如图10-1所示为城镇地籍图样图。

地籍图的幅面通常采用50 cm×50 cm 和50 cm×40 cm 进行分幅,图幅编号按图廓西南角坐标千米数编号,X坐标在前,Y坐标在后,中间用短横线连接。

(二)地籍图的内容

地籍图的内容主要包括地籍要素和地物要素。

1.地籍要素

地籍要素主要描述与土地相关的属性,如权属界址线、土地坐落、土地编号、土地等级、

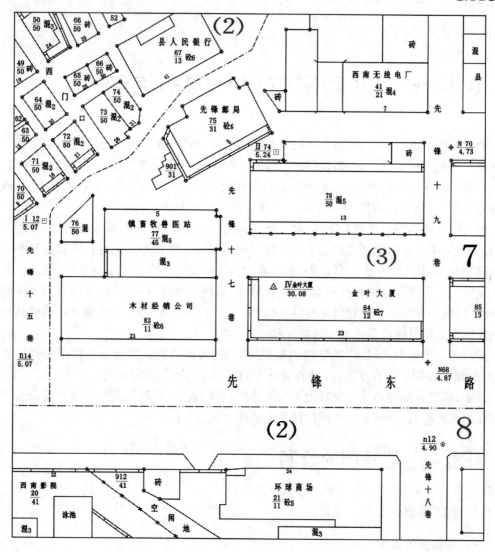

图 10-1　城镇地籍图样图

土地利用类别、权属主名称等。具体内容如下。

1）各级行政界线要素

省、自治区、直辖市界,自治州、地区、盟、地级市界,县、自治县、旗、县级市及城市内的区界,乡、镇、国有农、林、牧、渔场界及城市内街道界。两级行政界线重合时在图上仅表示高级界线,境界线在拐角处不得间断,应在拐角处绘出点或线。当土地权属界址线与行政界线重合时,应结合线状地物符号突出表示土地权属界址线,行政界线则移位表示。

2）界址要素

宗地的界址点、界址线。当其他界线与界址线重合时,其他界址线在地籍图上可跳跃表示。

3）地籍号

地籍号由区县编号、街道号、街坊号及宗地号组成。在地籍图上只注记街道号、街坊号及宗地号。宗地号和地类号注记以分式形式表示,分子表示宗地号,分母表示地类号。

4）地类

第二次全国土地调查决定采用新的《土地利用现状分类》（GB/T 21010—2017）对现有土地进行分类。该标准采用二级分类。一级类的设定主要以土地用途、利用方式和经营特点为依据，共 12 个；二级类 73 个，其设定以自然属性、覆盖特征、用途和经营目的等方面的土地利用差异为依据。第二次全国土地调查（城镇土地调查）分类和编码见表 10-1。

表 10-1　第二次全国土地调查（城镇土地调查）分类和编码

一级类		二级类	
编码	名称	编码	名称
01	耕地	0101	水田
		0102	水浇地
		0103	旱地
02	园地	0201	果园
		0202	茶园
		0203	橡胶园
		0204	其他园地
03	林地	0301	乔木林地
		0302	竹林地
		0303	红树林地
		0304	森林沼泽
		0305	灌木林地
		0306	灌丛沼泽
		0307	其他林地
04	草地	0401	天然牧草地
		0402	沼泽草地
		0403	人工牧草地
		0404	其他草地
05	商服用地	0501	零售商业用地
		0502	批发市场用地
		0503	餐饮用地
		0504	旅馆用地
		0505	商务金融用地
		0506	娱乐用地
		0507	其他商服用地

续表 10-1

一级类		二级类	
编码	名称	编码	名称
06	工矿仓储用地	0601	工业用地
		0602	采矿用地
		0603	盐田
		0604	仓储用地
07	住宅用地	0701	城镇住宅用地
		0702	农村宅基地
08	公共管理与公共服务用地	0801	机关团体用地
		0802	新闻出版用地
		0803	教育用地
		0804	科研用地
		0805	医疗卫生用地
		0806	社会福利用地
		0807	文化设施用地
		0808	体育用地
		0809	公共设施用地
		0810	公园与绿地
09	特殊用地	0901	军事设施用地
		0902	使领馆用地
		0903	监教场所用地
		0904	宗教用地
		0905	殡葬用地
		0906	风景名胜设施用地
10	交通运输用地	1001	铁路用地
		1002	轨道交通用地
		1003	公路用地
		1004	城镇村道路用地
		1005	交通服务场站用地
		1006	农村道路
		1007	机场用地
		1008	港口码头用地
		1009	管道运输用地

续表 10-1

一级类		二级类	
编码	名称	编码	名称
11	水域及水利 设施用地	1101	河流水面
		1102	湖泊水面
		1103	水库水面
		1104	坑塘水面
		1105	沿海滩涂
		1106	内陆滩涂
		1107	沟渠
		1108	沼泽地
		1109	水工建筑用地
		1110	冰川及永久积雪
12	其他土地	1201	空闲地
		1202	设施农用地
		1203	田坎
		1204	盐碱地
		1205	沙地
		1206	裸土地
		1207	裸岩石砾地

5）土地坐落

宗地的坐落由行政区名、道路名（或地名）及门牌号组成，地籍图上应适当注记行政区名及道路名，宗地门牌号可以选择注记。

6）土地使用者或所有者

在地籍图上可选择注记单位名称和集体土地所有者名称。当宗地较小时，可以不在地籍图上注记单位名称。在地籍图上不需要注记个人用地的土地使用者名称。

7）土地等级

对于已完成土地定级估价的城镇，在地籍图上绘出土地分级佛罗里达线及相应的土地等级注记。

2. 地物要素

地物要素主要表示与地籍要素相关的必要地物，通常包括居民点、道路、水系、测量标志点和地理名称等，这部分要素的表示与地形图上的地物表示法相同，因而其符号的绘制也相同。

（三）地籍图的注记

地籍图的注记包括文字注记和数字注记两类，注记规格与相应的同比例尺地形图相同，此外增加了地籍要素注记部分。具体注记规格见表10-2。

表 10-2　1:500～1:2 000 地籍图图式字体规定一览表

注记项目	字体	字号（mm）			斜向	宽度系数
		一级	二级	三级		
县级以上名称注记	粗等线体	7.5	6.0		无	1.0
乡镇政府名称注记	中等线体	5.5			无	1.0
村级名称注记	细等线体	4.5	3.75		无	1.0
权属单位名称注记	细等线体	4.0	3.5	2.75	无	1.0
性质说明	细等线体	3.0	2.5		无	1.0
地类、图斑、界址点编号及数字注记	正等线体	2.4	2.0		无	0.8
山名注记	长中等线体	4.5	4.0		无	0.8
水系名称	宋体	5.5	4.5	4.0	左斜	1.0
道路(街道)名称	中等线体	4.0	3.5	2.75	无	1.0

二、地籍图的绘制过程

从地籍图的内容不难看出,地籍图中的地物要素与地形图中的地物要素是一致的,这部分内容的绘制与地形图地物的绘制完全相同,这里不再讨论。下面将讨论地籍图中地籍要素是如何绘制和表示的。

(一)权属界址点及线的图上表示

权属界址是地籍要素的核心,根据要求应在实地埋设界桩(标),并用测量仪器准确测定其位置(坐标)。

根据地籍图图式相关规范要求,权属界桩(标)用直径为1.0 mm 的小圆圈表示,圆圈的中心代表界址点的位置,界址线用线宽为 0.3 mm 的直线表示。权属界址点、线和界址点编号的几何尺寸如图 10-2 所示,图中的数字以毫米为单位。

图 10-2　权属界址

(二)权属界址点及线的绘制

下面根据实例详细说明权属界址线的绘制过程。

【例 10-1】　两个相邻权属单位共设置 10 个界址点,其点号和实测坐标如表 10-3、表 10-4 所示。试按比例尺 1:500 绘制权属单位界址线。

表 10-3　点号和实测坐标(一)

点号	X[N](m)	Y[E](m)
38	30 224.210	40 049.646
39	30 224.219	40 098.812
40	30 252.379	40 098.812
41	30 252.358	40 170.419
182	30 252.386	40 178.947
184	30 177.260	40 179.228
183	30 177.720	40 050.026
38	30 224.210	40 049.646

表 10-4　　点号和实测坐标(二)

点号	$X[\text{N}](\text{m})$	$Y[\text{E}](\text{m})$
37	30 299.733	40 049.668
36	30 299.733	40 170.414
181	30 299.747	40 179.014
182	30 252.386	40 178.947
41	30 252.358	40 170.419
40	30 252.379	40 098.812
39	30 224.219	40 098.812
38	30 224.210	40 049.646
37	30 299.733	40 049.668

(1)在命令行输入"layer",在"图层特性管理器"中新建界址点(JZD)层,设置为红色,并将 JZD 层线型设为 Continuous,最后把该层置为当前层,如图 10-3 所示。

图 10-3　新建界址点图层

(2)按照绘制点的方法依次将上述 10 个界址点按比例尺 1∶500 绘制在 JZD 图层上。

注意:由于比例尺为 1∶500,标注界址点编号时,字体大小按表 10-2 中规定尺寸的一半进行标注。

(3)分别在 10 个点上绘半径为 0.25 mm 的小圆圈。

(4)绘制界址线。

命令:pline　　　　　　　　　　(启动多段线命令,绘制第一个宗地界址线)

指定起点:　　　　　　　　　　(打开捕捉对话框,点取捕捉模式为"节点",用鼠标捕捉 38 号点位)

当前线宽为 0.0000

指定下一个点或 [圆弧(A)/半宽(H)/长度(L)/放弃(U)/宽度(W)]:w

指定起点宽度 <0.0000>:0.15　　　(由于比例尺为 1∶500,界址线宽为图 10-2 中规定尺寸的一半)

指定端点宽度 <0.1500>:

指定下一个点或 [圆弧(A)/半宽(H)/长度(L)/放弃(U)/宽度(W)]:　　　(用鼠标捕捉 39 号点位)

指定下一点或 [圆弧(A)/闭合(C)/半宽(H)/长度(L)/放弃(U)/宽度(W)]：（用鼠标捕捉 40 号点位）

指定下一点或 [圆弧(A)/闭合(C)/半宽(H)/长度(L)/放弃(U)/宽度(W)]：（用鼠标捕捉 41 号点位）

指定下一个点或 [圆弧(A)/半宽(H)/长度(L)/放弃(U)/宽度(W)]：（用鼠标捕捉 182 号点位）

指定下一个点或 [圆弧(A)/闭合(C)/半宽(H)/长度(L)/放弃(U)/宽度(W)]：（用鼠标捕捉 184 号点位）

指定下一个点或 [圆弧(A)/闭合(C)/半宽(H)/长度(L)/放弃(U)/宽度(W)]：（用鼠标捕捉 183 号点位）

指定下一个点或 [圆弧(A)/闭合(C)/半宽(H)/长度(L)/放弃(U)/宽度(W)]：c

用相同的方法绘制另一宗地界址线。

(5)绘制与地籍要素相关的地物要素(如图中围墙、道路和建筑物等)，并按表 10-3 中规定尺寸的一半标注房屋结构、单位名称、地类号、宗地号、道路名称等。

地籍图的图框与地形图的图框相同。图 10-4 为绘制后的地籍(权属界址线)图。

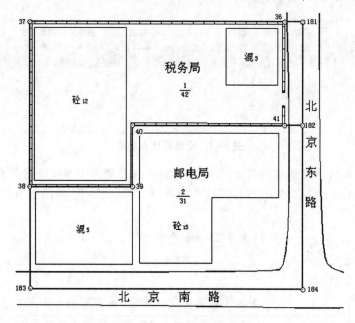

图 10-4　权属界址线样图

■ 任务二　宗地图的绘制

一、宗地图概述

宗地图是以宗地为单位编绘的地籍图。它是在地籍测绘工作的后阶段,对界址点坐标进行检核后,确认准确无误,并且在其他的地籍资料也正确收集完毕的情况下,依照一定的比例尺制作成的反映宗地实际位置和有关情况的一种图件。宗地图图幅规格根据宗地的大小选取，一般用 32K、16K、8K 纸。

宗地图的内容与分幅地籍图保持一致，此外应标注用地面积、实量界址边长或反算的界址边长、指北方向等；宗地图的整饰、注记规格同地籍图。

二、宗地图的绘制步骤

在数字地籍图出现以前，宗地图通常是在相同比例尺地籍图上逐宗蒙绘下来，然后套绘宗地图框。现在的宗地图不必再重绘，而直接在已整饰好的数字地籍图上，通过 AutoCAD 中的 trim(裁剪)命令按宗地的范围进行裁剪，然后根据宗地图的幅面大小插入合适的图框，十分方便。

按宗地范围裁剪地籍图步骤如下：

(1)启动多段线 pline 命令，沿权属界址线外围绘制闭合线，如图 10-5 所示。

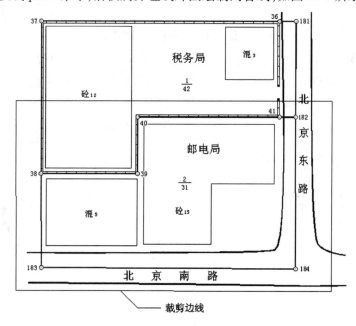

图 10-5　宗地剪裁边线

(2)在命令行键入 trim 命令，根据提示选择闭合线，按 Enter 键后选取闭合线外的线段，逐一进行裁剪。

(3)删除闭合线，标注相邻界址点间边长、宗地面积和相邻宗地信息，得到图 10-6 所示的没有图框的宗地图。

(4)绘制宗地图框。宗地图框的注记、指北方向等是相同的，只是宗地图框大小不同，可采取地形图图框绘制的方法，分别按照 32K、16K、8K 和 A3、A4 纸的大小事先绘好，然后用块保存命令 wblock 将其保存为块，需要时用块插入命令 insert 插入到宗地图中。下面以 A3(横)纸为例进行说明。

A3(横)纸尺寸为 297 mm×420 mm，考虑到页边距，将宗地图框尺寸设计为 330 mm×240 mm。以图框左下角为坐标(0,0)，则右下角坐标为(330,0)，左上角坐标为(0,240)，右

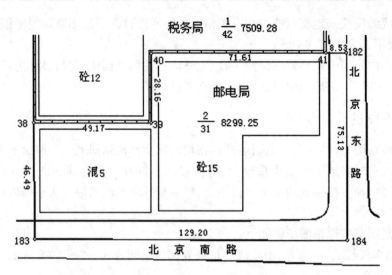

图10-6 剪裁后的宗地图

上角坐标为(330,240)。图框内、外字高见文字旁数字,以毫米为单位。

按照地形图图框的绘制方法绘宗地图框线,然后按图 10-7 中字体的实际尺寸进行文字标注。

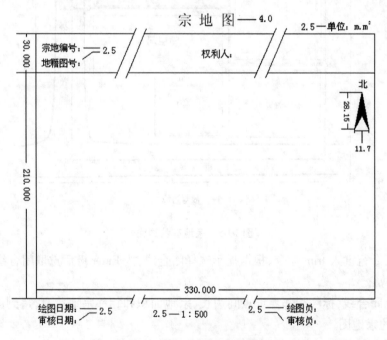

图10-7   A3(横)纸地籍图框

(5)键入 wblock 命令,选取左下角点为插入点,输入块名"ZDTK. DWG"保存在 Auto-CAD 的目录下。

这样 A3(横)纸幅面的宗地图框就绘制完成了,需要时用 insert 命令插入到图中。

(6)打开如图 10-6 所示裁剪后的宗地图,在命令行键入 insert 命令,找到刚保存的宗地图框文件 ZDTK. DWG,然后按图 10-8 所示填入缩放比例(由于比例尺为 1∶500,图框尺寸需缩小一半),按"确定"按钮后用鼠标移到宗地图左下角处,当观察到宗地图落入图框中时按下鼠标左键,图框插入完成。

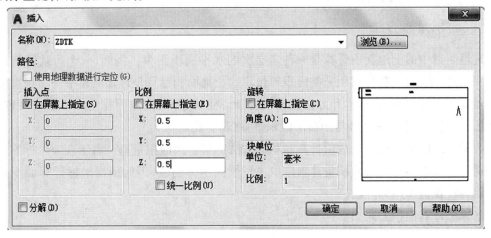

图 10-8　"插入"对话框填缩放比例

图 10-9 为一幅绘好后的宗地图。

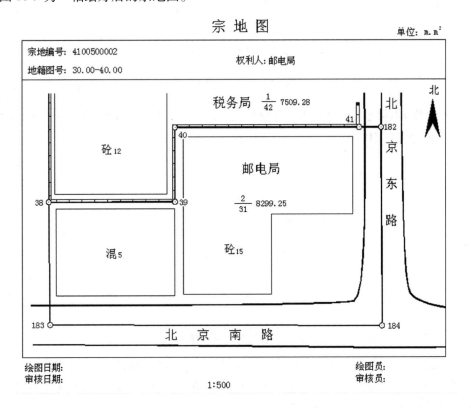

图 10-9　绘好后的宗地图

任务三　面积量算

一、面积量算方法

地籍测量中的土地面积量算是一种多层次的水平面积测算。例如,一个行政管辖区的总面积、各宗地面积、各种利用分类面积等量算。土地面积量算是地籍测量中一项很重要的必不可少的工作内容,其技术和方法也比较复杂。概括起来,土地面积量算方法有两种:解析法面积量算(简称解析法)与图解法面积量算(简称图解法)。

根据实测的坐标或边长数值计算面积的方法称解析法面积量算。由于现今坐标测量十分普遍,且公式计算简单,面积量算精度取决于量测坐标精度,因此根据坐标计算面积是城镇地籍调查普遍采用的方法。

坐标法计算面积公式如下:

$$2P = \sum_{i=1}^{n} X_i (Y_{i+1} - Y_{i-1})$$

$$2P = \sum_{i=1}^{n} Y_i (X_{i-1} - X_{i+1})$$

或

$$2P = \sum_{i=1}^{n} (X_i + X_{i+1})(Y_{i+1} - Y_i)$$

$$2P = \sum_{i=1}^{n} (Y_i + Y_{i+1})(X_{i+1} - X_i)$$

式中:X_i,Y_i为权属界址点或地块拐点坐标。当 $i - 1 = 0$ 时,$X_0 = X_n$;当 $i + 1 = n + 1$ 时,$X_{n+1} = X_1$。编号见图10-10。

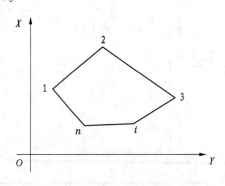

图 10-10　坐标法面积计算示意图

从图纸上量算面积的方法称图解法面积量算。图解法面积量算与采用的量算方法和计算者的经验有关,虽然没有复杂的计算,但面积量算精度不高、量算效率低,这在过去一段时期内是土地利用调查的主要面积量算方法。

地籍测量中的面积主要涉及宗地面积(权属界址线闭合的区域)和建筑面积(建筑物占地面积),在此基础上分别按行政区划和分类地类面积进行汇总。

二、AutoCAD 面积量算

在 AutoCAD 2018 中,平面几何图形面积都是采用解析法计算出来的。对于直线连接的多边形,采用坐标法进行计算;对于曲线连接的闭合图形,采用高精度的数值积分计算。面积计算功能在 AutoCAD 中是通过命令和菜单定义的,既可以在命令行键入命令,也可以通过菜单来执行,应用上非常方便。

在 AutoCAD 中,查询闭合区域面积有下面三种方法:

(1)在命令行键入 AREA 命令查询。

(2)单击"默认"选项卡→"实用工具"面板　→"测量"按钮　→"面积"按钮　。

命令执行后,命令窗口出现如下提示:

指定第一个角点或 [对象(O)/增加面积(A)/减少面积(S)/退出(X)] <对象(O)>:

上述命令中的提示说明如下:

①指定第一个角点。

计算由指定点围成的图形的面积和周长。所有点必须都在与当前用户坐标系(UCS)的 *XY* 平面平行的平面上。当选用此选项,并指定了第一点后,命令行会继续提示:

指定下一个点或 [圆弧(A)/长度(L)/放弃(U)]:

用户可以继续指定其他点来绘制折线,或者输入命令的其他选项绘制圆弧或直接输入距离,直至按 Enter 键完成周长定义后给出该闭合图形的面积和周长。

②对象(O)。

此选项意指用鼠标选取一个图形对象,计算选定对象的面积和周长。这个对象可以是圆、椭圆、样条曲线、多段线、多边形。

③增加面积(A)。

选择"加"模式后,AutoCAD 要求继续定义新区域或选另一个图形对象。此时显示选定对象的面积和累计加面积。

④减少面积(S)。

"减"模式与"加"模式相反,每次减掉指定区域或图形对象的面积,此时显示选定对象的面积和累计减面积。

在地籍图绘制过程中,所有线段均是用多段线命令 pline 绘制的,此时的多边形线段是一个图形对象。如果用 line 命令绘制,此时的多边形线段就不是一个图形对象,不能用对象(O)选项来查询面积。

(3)在命令行键入 properties 命令查询。

在命令行键入 properties 后,绘图区弹出如图 10-11 所示的"特性"对话框,用鼠标选择图权属界址线,"特性"对话框中的"面积"栏显示出该闭合图形的面积。

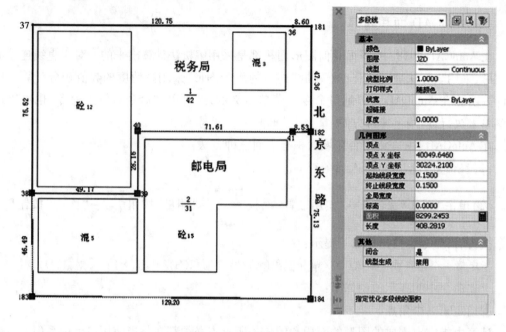

图 10-11　"特性"对话框

■ 任务四　地籍成果表的制作

一、地籍成果表的内容

在完成各种地籍图绘制后,需要对量算的原始资料进行整理、汇总,绘出地籍成果表。地籍成果表一般包括界址点成果表、宗地面积计算表、宗地面积汇总表、地类面积统计表等。其主要具体内容如下:

(1)界址点成果表。内容包括界址点号、坐标。输出范围包括某一宗地界址点坐标表、以街坊为单位界址点坐标表。

(2)宗地面积计算表。内容包括界址点号、坐标,相邻界址边长、宗地面积、建筑面积等。

(3)宗地面积汇总表。内容包括地籍号、地类代码、面积等。该表以宗地为单位分别统计出街道和街坊的总面积。

(4)地类面积统计表。以宗地为单位,分别统计出街道、街坊和区的分类面积。

二、地籍成果表的制作方法

上述各类报表的绘制需要大量的统计和计算。对于每个宗地来讲,由于涉及的数据较单一,相应的表格容易制作,而其他的报表则较为复杂,需要借助编程进行高效快速统计。

在日常地籍测量和土地发证中,以宗地为单元进行土地登记和管理是国土部门一项重要的工作内容。其成果资料通过宗地图和反映界址位置的权属界址点成果表来体现。

下面仅以绘制界址点成果表为例来介绍地籍成果表的绘制。

绘制界址点成果表可以采用以下两种方法：

（1）在 Excel 中绘制好界址点成果表格，绘制好后，用鼠标选定表格，再执行"复制"命令；然后打开 AutoCAD 2018 图形文件，单击"默认"选项卡→"剪贴板"面板 ⬚→"粘贴"按钮 ⬚→"选择性粘贴"按钮 ⬚ 选择性粘贴。命令执行后，显示如图 10-12 的对话框，最后单击"确定"按钮，表格即插入到当前图形中，用户可以根据需要调整表格的位置和大小。

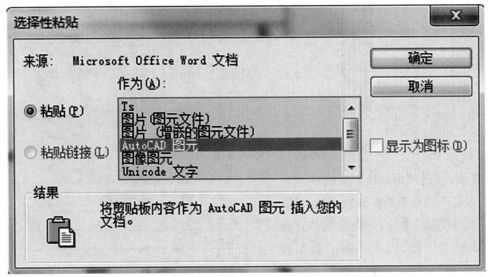

图 10-12　"选择性粘贴"对话框

（2）直接在 AutoCAD 中，利用"默认"选项卡→"注释"面板 ⬚ 中"表格"绘制按钮直接绘制。

①插入表格。单击"注释"面板 ⬚ 中"表格"绘制按钮。命令执行后，弹出如图 10-13 所示的对话框。将"列和行设置"中列数设置为 5、数据行数设置为 30，列宽和行高可以根据需要进行设置；在"设置单元样式"中，将"第一行单元样式"设置为"标题"，"第二行单元样式"设置为"表头"，"所有其他行单元样式"设置为"数据"，然后在屏幕上选定插入点，即可插入表格，插入后可以对表格大小进行调整。

②编辑表格。用鼠标选中表格的第 2 行至第 7 行的所有单元格，点击"合并单元"按钮 ⬚ 合并单元，然后执行"按行合并"工具 ⬚ 按行合并，则 2~7 行分别合并为一个大的单元格；选中第 1、2 列的第 8、9 行，点击"合并单元"按钮 ⬚ 合并单元，然后执行"按列合并"工具 ⬚ 按列合并；用同样的方法将第 5 列中第 8、9 行合并；将第 5 列第 10 行以及以后的行全部选中，按列合并为一个大的单元格，再用"line"命令，以第 4 列第 10 行单元格边框右下点为起点，右上点为终点画一

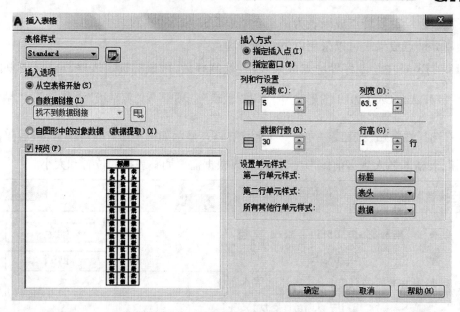

图 10-13　"插入表格"对话框

个短直线,然后以画好的短直线中点为起点,垂直于表格右边框画短直线,然后执行"矩形阵列"命令,对刚绘制的直线进行阵列,"列数"输入 1 列,"数据行数"输入 20 行,输入行偏移距离,完成要求后,第一行右上角的两个小格用"line"命令绘制即可,表格部分绘制完成。

③编辑表格中文字。根据相关规范标准和用户需要,修改文字样式,然后通过双击相应的单元格即可进行文字的输入;单元格中的文字可以通过"注释"面板里面的"单行文字"或"多行文字"进行文字的输入,最终结果如图 10-14 所示。

由于该表大小和格式相同,在 Auto-CAD 中也是先将该表绘制好后通过块保存命令 wblock 将其保存为块,需要时用 insert 命令将其插入到图中,然后把数据(面积、坐标和边长等)填写到表格中。

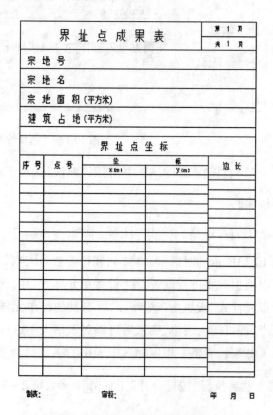

图 10-14　宗地图界址点成果表

任务五　房产图的绘制

一、房产图概述

房产图是表述房屋和房屋用地有关信息的专用图,是一套与城镇实地房屋相符的平面图,可为房地产权属、规划、税收等提供服务。从现势性来讲,房产图应适应城市的发展变化和房地产权属变化的需求,必须随时做到图与实况一致。房产图具有测图比例尺大、测绘内容较多、精度要求高和修测、补测及时等特点。

二、房产图分类

按房产管理的需要,房产图可分为房产分幅平面图、房产分丘平面图和房产分层分户平面图。

(一)房产分幅平面图

房产分幅平面图是全面反映房屋及其用地位置和权属等状况的基本图,是测绘分丘图和分户图的基础资料。其覆盖范围广、内容多、精度要求高,是房地产测绘的重点。

房产分幅平面图的测绘范围包括城市、县城、建制镇的建成区和建成区以外的工矿、企事业等单位及其毗连居民点的房屋测绘。房产分幅平面图图幅采用 50 cm × 50 cm。房产分幅平面图上应标示房地产要素和房产编号,包括房产区号、房产分区号、丘号、丘支号、幢号、房产权号、门牌号、房屋产别、结构、层数、房屋用途和用地分类等。

在城镇建成区建筑物密度较大的测区,为了能清楚地表示房屋及有关构筑物方面的情况,分幅图的比例尺一般采用 1:500;在远离城镇建成区的工矿、企事业等单位及其相毗连的居民点分幅图可以采用 1:1 000 比例尺。

房地产测绘的坐标系统应与城市坐标系统一致,这样既可在进行房地产控制测量时节省时间、人力和物力,又可使城市的各项建设与管理、建立城市地理信息系统有统一的坐标依据,避免出现不必要的混乱。分幅图一般不表示高程,如需在图上标注高程,应采用 1985 国家高程基准。

(二)房产分丘平面图

房产分丘平面图是分幅图的局部明细图,是绘制房屋产权证附图的基本图。分丘图比例尺除表示房产分幅图的内容外,还应表示房屋权界线、界址点点号、窑洞使用范围、挑廊、阳台、建成年份、用地面积、建筑面积、墙体归属和四至关系等各项房地产要素。

分丘图的比例尺根据丘面积的大小可在 1:100 ~ 1:1 000 选用,坐标系统与分幅图坐标系统应一致。精度要求与分幅图相同。

(三)房产分层分户平面图

房产分层分户平面图是在分丘图的基础上绘制的细部图,以一户产权人为单位,表示房屋权属范围的细部图,以明确房产毗连房屋的权利界线,供核发房屋所有权证的附图使用,表示的主要内容包括:房屋权界线、四面墙体的归属和楼梯、走道等部位,以及门牌号,所在层次、户号、室号、房屋边长和房屋建筑面积等。分户图的方位应使房屋的主要边线与图框边线平行,按房屋的方向横放或竖放,并在适当的位置加绘指北方向符号。比例尺一般为

1:200,可根据房屋图形面积的大小适当放大或缩小。房屋的丘号、幢号应与分丘图上的编号一致,其房屋边长应实际丈量,注记取至 0.01 m,注在图上相应位置。

三、房产图绘制

房产图包括房产分幅平面图、房产分丘平面图和房屋分层分户平面图,其中房产分幅平面图和房产分丘平面图同地籍图绘制的步骤和方法基本相同,房产分层分户平面图同宗地图绘制的步骤和方法也基本相同,本项目不讲述房产图具体的绘制方法,只简要介绍各种房产图的技术要求。

(一)房产分幅平面图绘制的技术要求

(1)行政界线。一般只表示区、县和镇的境界线,街道办事处或乡的境界根据需要表示;境界线重合时,用高一级境界线表示;境界线跨越图幅时,应在内外图廓间的界端注出两侧面的行政区划名称;与丘界线重合时,用丘界线表示。

(2)房屋。包括一般房屋、架空房屋和窑洞等。房屋应分幢测绘,以外墙勒脚以上外围轮廓的水平投影为准,装饰性的柱和加固墙等一般不表示;临时性的过渡房屋及活动房屋不表示;虚线内的四角加绘小圈表示支柱;架空房屋以房屋外围轮廓投影为准;同幢房屋层数不同的应绘出分层线。

(3)丘界线。丘界线与房屋轮廓线或单线地物线重合时用丘界线表示,明确无争议的丘界线用丘界线表示,有争议或无明显界线又提不出凭证的丘界线用未定丘界线表示。

(4)房屋附属设施、界标围护物。房产分幅平面图(见图 10-15)上应绘制包括檐廊、柱廊、门廊、阳台、门墩等附属设施;围墙、栏杆、铁丝网等围护物均应表示。

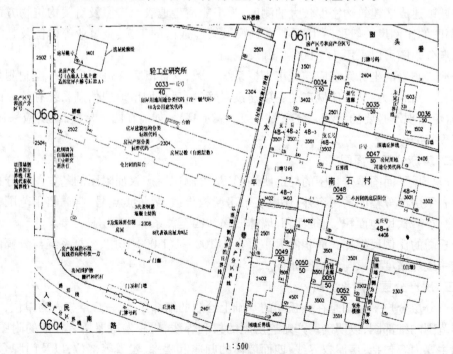

1:500

图 10-15　房产分幅平面图

（5）分幅平面图。当注记过密容纳不下时，除丘号、丘支号、房产权号必须注记，门牌号可首末两端注记、中间跳号注记。与房产管理有关的地形要素也可根据需要表示。

（二）房产分丘平面图绘制的技术要求

（1）房产分丘平面图（见图10-16）的坐标系统应与房产分幅平面图的坐标系统相一致。

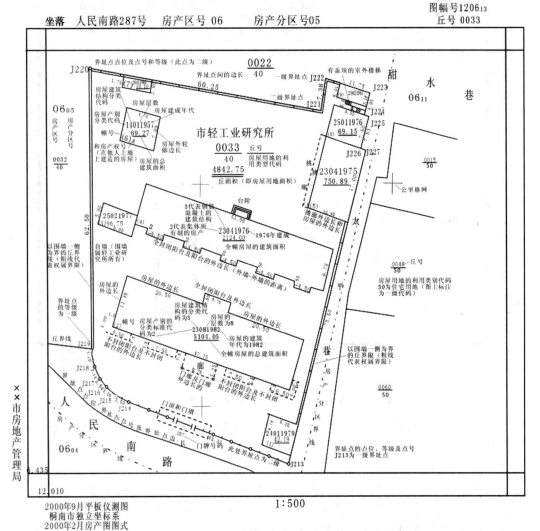

图10-16 房产分丘平面图

（2）房产分丘平面图上应分别注明周邻产权所有单位的名称，分丘图上各种注记的字头应朝北或朝西。

（3）测量本丘与邻丘毗连墙体时，共有墙以墙体中间为界，量至墙体厚度的1/2处；借墙量至墙体内侧；自有墙量至墙体外侧并用相应符号表示。

（4）房屋权界线与丘界线重合时，表示丘界线；房屋轮廓线与房屋权界线重合时，表示房屋权界线。

（三）房产分层分户平面图绘制的技术要求

房产分层分户平面图（见图10-17）的幅面可选用 787 mm × 1 092 mm 的 1/32 或 1/16

等尺寸,分户图的比例尺一般为 1∶200,当房屋图形过大或过小时,比例尺可以做适当调整。

房 产 分 层 分 户 平 面 图

单位:m²

宗地代码	******	结构	钢筋混凝土	专有建筑面积	33.81
幢号	G#	总层数	8	分摊建筑面积	2.08
户号	010101	所在层数	1	建筑面积	35.89
坐落		**县**镇**路			

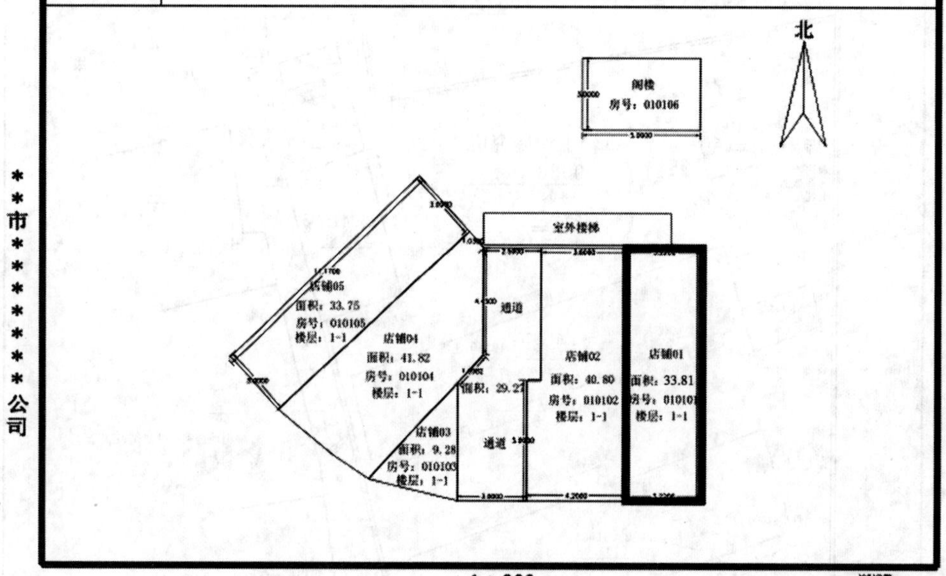

1∶200

绘图员:**
审核员:**

图 10-17   房产分层分户平面图

房产分户平面图的方位应使房屋的主要边线与图框边线平行,按房屋的方向横放或竖放,并在适当位置加绘指北方向符号。

分户图上的文字注记:

(1)房屋产权面积包括套内建筑面积和共有分摊面积,标注在分户图图框内。

(2)本户所在丘号、户号、幢号、结构、层数、层次标注在分户图图框内。

(3)楼梯、走道等共有部位,需在范围内加简注。

■ 小 结

本项目简单明了地叙述了地籍图及房产图的基本知识,说明了 AutoCAD 2018 绘制地籍与房产图的方法和简单的操作步骤。但是 AutoCAD 2018 本身不具备专门绘制地籍图或房产图的功能模块,所以 AutoCAD 2018 不占优势,绘制起来十分烦琐,对于较为复杂的地籍图和房产图,生产中一般采用专门开发的绘图软件,如南方 CASS 软件、北京超图软件等一些自主开发的软件。

■ 典型实例

　　1. 某宗地的界址点的坐标分别为 J92（54 140.852,31 088.395）,J93（54 157.644, 31 086.700）, J94（54 177.319,31 072.465）,J95（54 165.785,31 040.775）,J96（54 125.248, 31 057.721）的宗地图。宗地号为 GB00051,地类号为 061,绘制出该宗地图。

　　2. 某房产分丘平面图简图如图 10-18 所示,按照图 10-18 所示尺寸绘制出该分丘图,所有文字注记字体为宋体,"房产分丘平面图"高度 0.99,图框里面文字注记高度为 0.495,房屋里面 8 位数字代码高度为 0.6,注记建筑面积数字高度为 0.5。

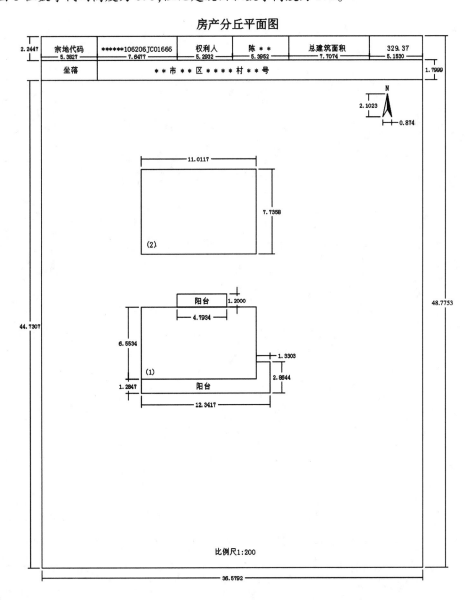

图 10-18　房产分丘平面图

■ 复习思考题

1. 在地籍图绘制过程中,不依比例尺符号和半依比例符号的插入比例与地籍图的比例尺大小有什么关系?

2. 地籍图与房产图的内容包括哪些? 与地形图的内容相比有什么相同和不同之处?

项目十一　道路路线工程图的绘制

在道路工程勘测、设计、施工中，工程测量人员经常需要绘制道路路线的工程图，以指导工程的建设。道路路线工程图主要包括路线平面图、道路纵断面图和横断面图。本项目主要介绍道路路线工程图、路线纵断面图和路线横断面图的绘制方法。

任务一　路线平面图的绘制

路线平面图是指包括道路中线在内的有一定宽度的带状地形图，是道路设计文件的重要组成部分，它清晰地反映了路线的方向、平面线型以及路线两侧一定范围内的地形、地物情况，以及结构物的平面位置。一般无法把整条路线的路线平面图绘在一张图纸内，通常分段绘制在多张图纸上，每张图纸上应注明序号、张数、指北针和拼接标记，如图 11-1 所示。路线平面图内容主要包括地形和路线两部分。

一、地形部分

（一）比例尺

路线平面图应根据地形的起伏情况采用相应的比例。城镇区一般采用 1∶500 或 1∶1 000，平原和微丘区一般采用 1∶5 000，山岭重丘区一般采用 1∶2 000。

（二）方位

为了表示路线所在地区的方位和路线的走向，在路线平面图上应画出指北针或坐标网。指北针箭头所指为正北方向。坐标方位的规定同地形图，即 X 轴向为南北方向，向北为正；Y 轴向为东西方向，向东为正。

（三）地貌

地貌一般采用高程点、等高线、地貌符号表示。城市或平坦地区多采用地形点表示地形；山区采用等高线表示地形；特殊地形用地貌符号表示，例如冲沟、陡崖、陡石山等。

（四）地物

在路线平面图中地面上的地物如河流、房屋、道路、桥梁、电力线、植被等，都按规定图例绘制。常用的地物图例基本与地形图中的地物图例相同，采用《国家基本比例尺地图图式 第 1 部分：1∶500 1∶1 000 1∶2 000 地形图图式》（GB/T 20257.1—2017）规定的图示符号表示。

二、路线部分

（一）设计路线

《道路工程制图标准》（GB 50162—1992）规定，道路中心线应采用细点画线表示，路基边缘线应采用粗实线表示。由于公路路线平面图所采用的比例尺小，公路的宽度无法按实际尺寸画出，所以在路线平面图中，设计路线用粗实线沿着道路中心方向表示。

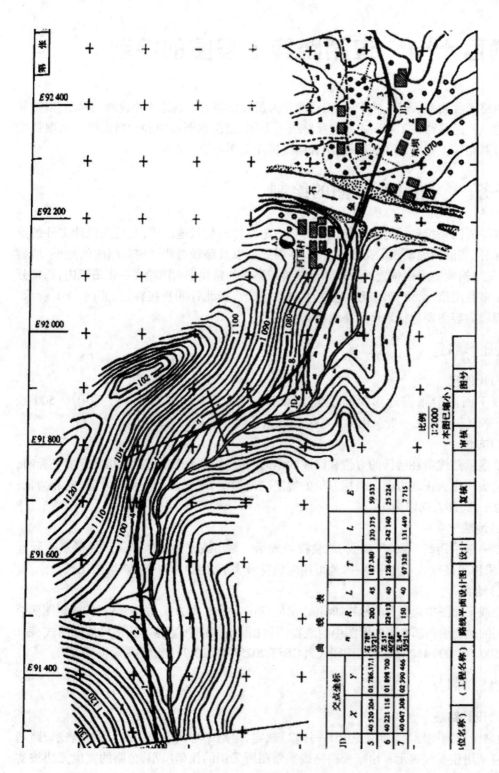

图 11-1　路线平面图

JD	交点坐标		曲 线 要 素						
	X	Y	α	R	L	T	L	E	
5	40 529 204	01 786.171	右 78°55'21"	200	45	187.380	320.375	59 533	
6	40 221 116	01 894 700	左 51°50'28"	224 10	40	128 687	242 140	25 224	
7	40 067 308	02 390 466	右 54°55'51"	150	40	67 328	131 449	7 715	

比例 1:2000（本图已缩小）

（二）平曲线

道路路线在平面上是由直线段和曲线段组成的,在路线的转折处应设平曲线。平曲线的类型主要有两种:一种是圆曲线,另一种是在圆曲线两端引入缓和曲线的综合曲线。

在路线平面图中,转折处应注写交点代号并依次编号,如 JD2 表示第 2 个交点。还要注出曲线段的主点位置,其中圆曲线的主点有 ZY 点(直圆点)、QZ 点(曲中点)、YZ 点(圆直点);综合曲线的主点有 ZH 点(直缓点)、HY 点(缓圆点)、QZ 点(曲中点)、YH 点(圆缓点)、HZ 点(缓直点)。

为了将路线上各段平曲线的几何要素值表示清楚,一般还应在图中的适当位置列出平曲线要素表。圆曲线的曲线要素有:①线路偏角 α ,分为左折 α_Z 和右折 α_Y 两种情况;②圆曲线半径 R;③切线长 T;④外矢距 E;⑤曲线长 L;⑥切曲差 q(2 倍切线长和曲线长之差)。综合曲线的曲线要素有:①线路偏角 α;②圆曲线半径 R;③第一缓和曲线长 l_{S1};④第二缓和曲线长为 l_{S2};⑤第一切线长 T_1;⑥第二切线长 T_2;⑦曲线长 L。

（三）里程桩

为了清楚地看出路线的总长和各段之间的长度,一般在道路中心线上从起点到终点,沿前进方向的左侧注写里程桩。里程桩分千米桩和百米桩两种。用符号表示千米桩位,在符号上面注写整千米数(例如注写 K12,表示距路线起点 12 km);右侧注写百米桩,用垂直于路线的细短线表示百米桩,用字头朝向前进方向的阿拉伯数字表示百米数,注写在短线的端部。同时均可采用垂直于路线的细短线表示千米桩和百米桩,如桩号为 K1+200,则表示距路线起点 1.2 km。

三、路线平面图的绘制方法

路线平面图的绘制包括两部分内容:一部分是地形图的绘制;另一部分是在地形图上设计线路的绘制。地形图的绘制在项目九中已经讲过,这里主要介绍路线中心线的绘制方法。

（一）数据准备

绘制路线中心线前,要根据道路设计人员定出的交点和转角数据,计算出平面曲线的相关要素,即圆曲线的半径 R、切线长 T、曲线长 L、外矢距 E。计算结果如表 11-1 所示。

表 11-1　平面曲线要素

交点号	交点坐标		交点桩号	转角值	曲线要素值(m)					
	$N(X)$	$E(Y)$			半径	缓和曲线长度	缓和曲线参数	切线长度	曲线长度	外矢距
1	2	3	4	5	6	7	8	9	10	11
JD6	37 011.05	69 107.04	K1+952.34							
JD7	36 914.27	69 193.00	K2+081.78	67°32′44.1″(Z)	155.97			104.31	183.87	31.66
JD8	37 005.42	69 455.38	K2+334.81	65°27′12.8″(Y)	135.00	80	103.92	127.91	234.20	27.81
JD9	36 892.23	69 563.58	K2+469.81							

在实际工作中,路线交点坐标数据都用 Excel 表格存放。这样简化了在绘图时输入坐标的麻烦,在 Excel 表格中编辑交点坐标对。由于 AutoCAD 坐标系与测量坐标系的 X、Y 轴相反,所以绘图时需要将 X、Y 坐标对调。如图 11-2 所示,选中 D2 栏,输入公式 = C2&",",&B2,按 Enter 键,系统自动生成了所需要的坐标对。选中 D2 栏,将光标指向第二栏右下角,系统出现黑色小十字标记,按住鼠标左键向下拖动十字标记,一直到最后一行,D2 栏就自动生成了对调后的各交点的坐标对,并将它们依次复制下来。

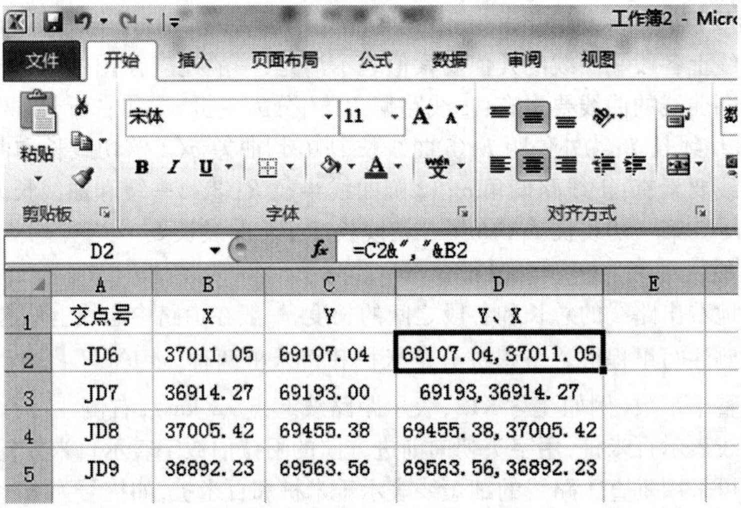

图 11-2　Excel 中对调 X、Y 坐标

(二)设置图形单位

进入 AutoCAD 绘图工作界面后,可按照提供的相应命令来完成图形单位的设置。具体操作步骤如下:

(1)选择"格式"→"单位"命令或直接在命令行中输入"Units"按 Enter 键,系统弹出"图形单位"对话框。

(2)在"长度"选项组中,在"类型"下拉列表框中选择"小数",在"精度"下拉列表框中选择 0。

(3)在"角度"选项组中,在"类型"下拉列表框中选择"十进制读数",在"精度"处设为"0.00"。

(4)对测角的"方向控制",就以 AutoCAD 2018 的默认设置,图形正右侧(向东的方向)为 0°。

(5)在"插入比例"选项组中,用于缩放插入内容的单位设为"毫米"。

(三)设置图层和文字式样

在绘制道路中线时要在地形图图层设置的基础上,增加路线中线层(zhongxian),颜色为红色,线宽设为 1.0(粗实线);路线中线选线层(xuanxian),颜色为白,线宽默认;标注线层(bzhuxian),线宽 0.25(细实线);文字注释层(wenzi),文字式样设置为字体是 txt. shx,大字体 gbcbig. shx,高度为 10,宽高比为 0.7。

(四)绘制路线中心线

1. 绘制道路选线折线

将"xuanxian"图层置为当前层,使用多段线命令 PLINE 来绘制,各交点的坐标不用从键盘输入,而是用图 11-2 所示 Excel 表中 D 列的坐标数据,即在 AutoCAD 执行 PLINE 命令,要求输入起点时,将 Excel 表中 D2 列的坐标数据复制后粘贴于命令行,AutoCAD 自动依次读取各点坐标值,绘制出一个多段线。执行过程如下:

命令： PLINE

指定起点：69107.04,37011.05

当前线宽为 0

指定下一个点或[圆弧(A)/半宽(H)/长度(L)/放弃(U)/宽度(W)]:69193,36914.27

指定下一点或[圆弧(A)/闭合(C)/半宽(H)/长度(L)/放弃(U)/宽度(W)]:69455.38,37005.42

指定下一点或[圆弧(A)/闭合(C)/半宽(H)/长度(L)/放弃(U)/宽度(W)]:69563.56,36892.23

指定下一点或[圆弧(A)/闭合(C)/半宽(H)/长度(L)/放弃(U)/宽度(W)]:(按 Esc 键或回车键退出)

2. 绘制圆曲线

路线在 JD7 处的平曲线是圆曲线,首先要定出曲线上的主点位置。新建一个"assist"(辅助)图层,颜色设为蓝色,将其置为当前层。

(1)绘制 JD7 处转折角平分线 JD7 – P。

(2)确定 QZ 点,从 JD7 开始,沿 JD7 向 P 方向量取外矢距的长度,此点即为 QZ 点。具体操作如下:

命令:_line

指定第一点:(用鼠标捕捉 JD7 点,并拾取)

指定下一点或[放弃(U)]:31.66(用鼠标捕捉 P 点,不拾取,输入长度 31.66,即得到 QZ 点)

(3)确定 YZ 点:将"zhongxian"层置为当前层。用绘制圆弧命令 Arc,用"起点、圆心、角度"选项,起点为 QZ 点,从 QZ 点向 P 量取圆曲线的半径 155.97,得到圆心,所对应的圆心角是 $\alpha_z/2 = 33.7728°$,这样绘出的圆弧的另一个端点就是 YZ 点。具体操作如下:

执行"绘图"菜单下的"圆弧"命令中的"起点、圆心、角度"命令,命令行提示如下:

命令:_arc

指定圆弧的起点或 [圆心(C)]:(用鼠标捕捉 QZ 点,并拾取)

指定圆弧的第二个点或 [圆心(C)/端点(E)]:(输入 c,指定圆弧的圆心)

指定圆弧的圆心:155.97(用鼠标捕捉 P 点,但不拾取,输入长度即圆半径 155.97)

指定圆弧的端点或 [角度(A)/弦长(L)]:(输入 a,以便输入圆弧夹角)

指定包含角:输入 33.7728,则绘出的圆弧末端即 YZ 点

(4)确定 ZY 点:ZY 点与 YZ 点相对于角平分线 DJ7 – P 对称,所以可用镜像的方法得到 ZY 点。

这样就确定了第一个交角点 JD7 处的平曲线及各主点。用点命令绘制出三个主点位置,将点样式设置成"十字"。删除所有的辅助线即得到如图 11-3 所示的图形。

3. 绘制综合曲线

路线在 JD8 处的平曲线是带有缓和曲线的综合曲线。由于缓和曲线模型特殊,Auto-

ZY　JD6　　　　　　　　　　　　　　　　　JD8

QZ　YZ

JD7

JD9

图 11-3　圆曲线部分

CAD 没有以其对应的命令和工具,在 CAD 中并不能直接画出,为缓和曲线的绘制增加了难度,传统的绘制方法以小线段来代替缓和曲线,工作量很大。这里介绍利用缓和曲线工具,简单快捷地绘制带有缓和曲线的综合曲线。

1) 准备缓和曲线 AutoLISP 应用程序

缓和曲线 AutoLISP 应用程序可以网上直接下载,也可以复制 AutoLISP 程序源代码,打开"记事本",粘贴程序源代码进去后,另存为文件名"缓和曲线.LSP",保存类型为"所有文件"(AutoLISP 程序源代码见附录 5)。

2) 加载缓和曲线 AutoLISP 应用程序

把 AutoLISP 应用程序拷贝到 CAD 安装目录的 support 文件中,如图 11-4 所示。打开 CAD,命令行输入加载命令"appload",打开"自动加载"对话框。在对话框的"查找范围"里找到"缓和曲线.LSP"程序,选中后,点击"加载"按钮,显示"已成功加载缓和曲线.LSP",如图 11-5 所示,加载成功后关闭对话框。

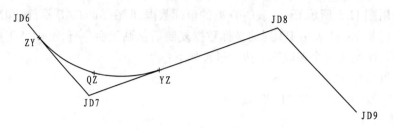

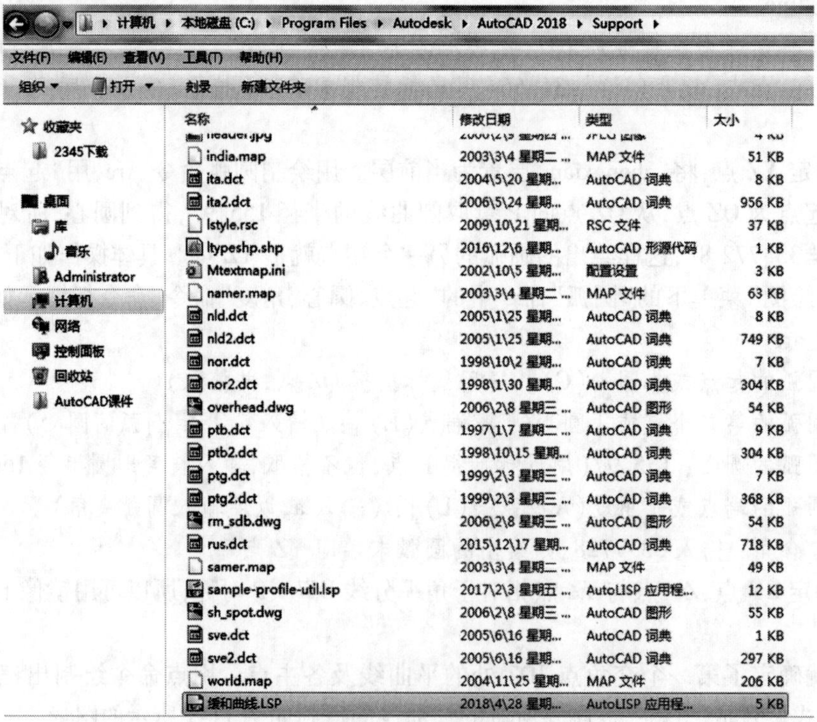

图 11-4　缓和曲线应用程序放置路径

图 11-5 加载缓和曲线应用程序

3）综合曲线的绘制

首先用"line"命令绘制第一条直线 JD8 至 JD7，第二条直线 JD8 至 JD9，然后命令行输入"HH"，按 Enter 键，根据命令行提示：

命令：HH

拾取第一条直线：

拾取第二条直线：

请输入弯道半径 R：135

输入缓和曲线长度（Ls）或［设计速度（V）］：80

指定文字的起点或［对正（J）/样式（S）］：（指定文字放置位置及高度即可）

在缓和曲线、圆曲线端点处绘制点，修改点样式，这样就确定了第二个交角点 JD8 处的平曲线及各主点，即得到如图 11-6 所示的图形。

4.连接路线中线的直接段

曲线绘制完成以后，使用 line 命令，连接路线中线的各直线段。

经过以上步骤，路线中线就绘制完成了。这样绘出的路线是一个个的图形单元，Auto-CAD 中提供了对象合并的功能，但是还有局限性，只能合并同一类型的图形单元，无法将直线、样条曲线和圆弧合并为一个对象。

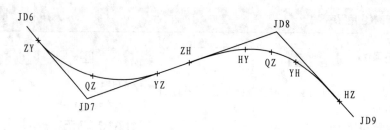

图 11-6　路线平曲线

（五）绘制主点位置线、千米桩线、百米桩线并标注文字

1. 绘制主点位置线

设置"bzhuxian"层为当前层。用偏移命令，将路线中线向上偏移 5 个图形单位。用绘制直线命令 line，在路线上的每一个主点处绘制短直线，与路线中线和其偏移线均垂直相交。以 ZY 点上的位置线为例：

命令：line 指定第一点：（用鼠标拾取 ZH 点）

指定下一点或[放弃(U)]：（用鼠标在偏移线上拾取垂足点）

指定下一点或[放弃(U)]：（按 Esc 键或回车键退出）

用同样的方法在其他各主点绘出位置线。

2. 绘制千米桩、百米桩标注线

将路线中线向下方偏移 5 个单位，向上方偏移 15 个单位，得到两条偏移线。路线第一个交点 JD6 的里程已知为 K1 + 952.34，用绘制多段线命令连接 JD6 和偏移 5 个单位的线的起始点，即得到 JD6 处桩位标注线位置。沿中线方向离 JD6 距离 47.66 m 处存在 K2 千米桩（47.66 的长度一部分在直线段，一部分在圆曲线段，曲线上的距离可借助点的定距等分功能快速确定），用绘制多段线命令连接 K2 千米桩和其偏移 15 个单位的对应位置，即得到 K2 千米桩位标注线位置。从 K2 千米桩标注线向前每隔 100 m 绘制一条百米桩标志线（注意：线路里程沿线路中线方向量取，而不是在道路选线的折线上量取），依次由左向右绘制出各百米标志线。

3. 编辑标志线和位置线

删除路线中线的偏移线等辅助线，只留下路线中线、路线选线折线、主点位置线、千米桩标志线和百米桩标志线。

4. 绘制千米桩符号和交角点符号

千米桩符号用直径为 5 的圆，绘制完圆后将圆右侧一半用黑色填充；交角点符号用直径为 3 的圆，圆心在交点上，对小圆圈内的部分进行修剪。

5. 标注文字

将"wenzi"图层置为当前图层，在该图层上标注里程桩号、主点名称、交点名称等文字。

如图 11-7 所示，即完成了路线平面图的绘制。

（六）平面曲线要素表的绘制

在道路平面图的右上角，需要插入如表 11-1 所示的平面曲线要素表，具体操作步骤详见项目七任务四。以表格的左上角为基点，将绘制好的表格移动到路线平面图的右上角。

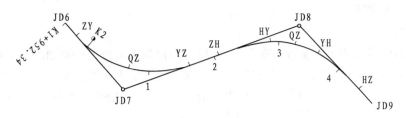

图 11-7　线路平面图

■ 任务二　道路纵断面图的绘制

路线纵断面图是表示线路中线方向地面高低起伏形状和纵坡变化的剖视图。用假想的铅垂剖切面沿着道路的中心线进行纵向剖切,由于道路中心线是由直线和曲线组合而成的,所以纵向剖切面既有平面,也有曲面,采用展开的方法,将此纵断面展平成为一平面,并绘制在图纸上,即为路线的纵断面图。

一、纵断面的图示内容

路线纵断面图包括图样和资料表两部分,一般图样画在图纸的上部,资料表布置在图纸的下部,如图 11-8 所示。

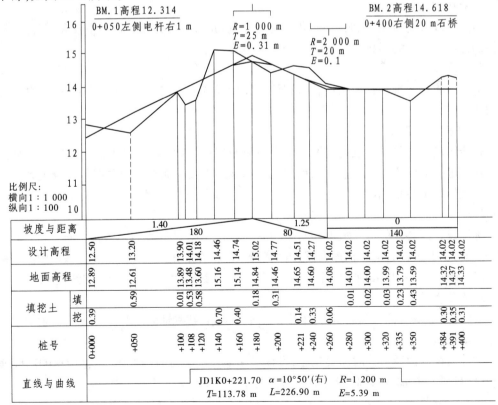

图 11-8　路线纵断面图

（一）图样部分

1. 比例尺

纵断面图是以中桩的里程为横坐标、中桩的地面高程为纵坐标绘制的。一般情况下,绘图时横坐标的比例尺,也就是里程比例尺应与线路带状地形图的比例尺一致;为了在路线纵断面图上清晰地显示出高程的变化,纵坐标的比例尺,也就是高程比例尺一般比绘制里程比例尺大 10 倍,如里程比例尺为 1∶1 000,则绘制高程比例尺为 1∶100。

较长路线的纵断面图一般都有许多张,应在第一张图的图标内或左侧纵向标尺处应注明纵、横向所采用的比例尺。

2. 设计线和地面线

在纵断面图中,粗实线为公路纵向设计线,它是根据地形起伏和公路等级,按相应的公路工程技术标准确定的。不规则的细折线为地面线,它是根据原地面上沿线各点的实测中心桩高程绘制的。比较设计线与地面线的相对位置,可确定填挖地段和填挖高度。

3. 竖曲线

在设计线的纵向坡度变更处,即变坡点,应按公路工程技术标准的规定设置竖曲线,以利于汽车平稳地行驶。竖曲线分为凸形和凹形两种,在图中分别用"┌┐"和"└┘"符号表示,符号中部的竖线应对准变坡点,竖线两侧标注变坡点的里程桩号和竖曲线中点的高程。符号的水平线两端应对准竖曲线的起点和终点,水平线上方应标注竖曲线要素值(半径 R、切线长 T、外距 E)。

4. 沿线构造物

道路沿线设有桥梁、涵洞、立交和通道等构造物时,应在其相应设计里程和高程处,按图例绘制并注明构造物名称、种类、大小和中心里程桩号。

5. 水准点

沿线设置的水准点都应按所在里程注在设计线的上方或下方,并标出其编号、高程和路线的相对位置。

（二）资料表部分

路线纵断面图的资料表是与图样上下对应布置的,这种表示方法较好地反映出纵向设计线在各桩号处的高程、填挖方量、地质条件和坡度以及平曲线与竖曲线的配合关系。资料表主要包括以下栏目和内容。

1. 坡度与距离

标注设计线各段的纵向坡度和水平距离。该栏中的对角线表示坡度方向,左下至右上表示上坡,左上至右下表示下坡,坡度与距离分别标注在对角线的上下两侧。该栏中第一格标注"1.40/180",表示从 K0＋000 至 K0＋180 坡段设计纵坡为 1.40%,此段路线是上坡。

2. 高程资料

资料表中有设计高程和地面高程两栏,分别表示设计线和地面线上各点(桩号)的高程。

3. 填挖高度

设计线在地面线下方时需要挖土,设计线在地面线上方时需要填土,挖或填的高度值应是各点(桩号)对应的设计高程与地面高程之差的绝对值。

4. 里程桩号

沿线各点的桩号是按测量的里程数值填入的,单位为米,桩号从左向右排列。在平曲线的起点、中点、终点和桥涵中心点等特殊位置可设置加桩。

5. 直线与曲线

直线部分用居中直线表示，曲线部分用凸出的矩形表示，上凸者表示路线右弯，下凹者表示路线左弯，并在凸、凹处的矩形内注明交点编号和曲线半径。

二、纵断面的绘制

绘图前应设计好比例尺，这里以横向比例为 1∶1 000、纵向比例为 1∶100 的纵断面的绘制为例，单位设置同"路线平面图的绘制"。

（一）设置图层

根据道路纵断面图中包括的内容，需要设置"ziliao"（标题栏）层、"dimian"（地面线）层、"sheji"（设计线）层、"biaozhu"（标注）层等，每一层的线型均为 Continuous，线宽各图层不同，设计线线宽为 1.0，标题栏用 0.7，坡度线用 0.35 等，为使图形容易区别，还可将各图层设置成不同的颜色。

（二）绘制资料表部分

将"ziliao"层置为当前层，按 1∶1 000 比例，从 K0＋000 到 K0＋400，本幅图包括的里程数为 400 m，再加上左端的文字占的宽度，资料表底线长绘制 420，将底线依次向上偏移，得到"直线与曲线""桩号""填挖土"等。每一栏的宽度，以填写项所占尺寸为准，比如"直线与曲线栏"需偏移 10，在最后标注文字时，若宽度不合适还可调整。绘制一条垂直线，长度从资料表底线绘制到顶线，位置距最左端 20，作为标题与内容的分界线。

（三）绘制高程标尺

自定义一种多线样式，命名为"GAOCHENG"，设置如图 11-9 所示，将此多线样式置为当前。

图 11-9　多线样式设置

以资料栏竖线的顶端为起点向上绘制垂直多线（"对正"方式选择"下"），长度为 10，

（比例尺为 1∶100,10 代表高度为 1 m），然后将该多线再向上复制 7 个对象（复制个数根据一幅纵断面图的总高差来确定），使其首尾相接,高程标尺就绘成了。

（四）设置坐标原点

在绘图前,将外业测绘的数据整理到 Excel 表中,如图 11-10 所示,B 列为各地面点的桩号,C 列为各地面点的地面高程,D 列为各地面点的里程,E 列为绘图用的各地面点的绘图坐标（将里程数值作为横坐标 X、高程值扩大 10 倍后作为纵坐标 Y,在 E2 栏编辑公式：= D2&",&C2 * 10,具体操作前面已经讲过）。坐标的原点需设置在标尺的底部,原点横坐标值是本幅图最左端的里程数,纵坐标要比实测的所有转点高程最小值还要小一些,本

E2 f_x =D2&","&C2*10

	A	B	C	D	E	F
1	序号	桩号	地面高程	里程	绘图坐标	
2	1	K0+000	12.89	0.00	0,128.9	
3	2	K0+050	12.61	50.00	50,126.1	
4	3	K0+100	13.89	100.00	100,138.9	
5	4	K0+108	13.48	108.00	108,134.8	
6	5	K0+120	13.60	120.00	120,136	
7	6	K0+140	15.16	140.00	140,151.6	
8	7	K0+160	15.14	160.00	160,151.4	
9	8	K0+180	14.84	180.00	180,148.4	
10	9	K0+200	14.46	200.00	200,144.6	
11	10	K0+221	14.65	221.00	221,146.5	
12	11	K0+240	14.60	240.00	240,146	
13	12	K0+260	14.08	260.00	260,140.8	
14	13	K0+280	14.01	280.00	280,140.1	
15	14	K0+300	14.00	300.00	300,140	
16	15	K0+320	13.99	320.00	320,139.9	
17	16	K0+335	13.79	335.00	335,137.9	
18	17	K0+350	13.59	350.00	350,135.9	
19	18	K0+384	14.32	384.00	384,143.2	
20	19	K0+391	14.37	391.00	391,143.7	
21	20	K0+400	14.33	400.00	400,143.3	
22						

图 11-10　外业测绘的数据

例中原点坐标为(0,10)。为了方便用坐标展绘地面线,现将前面绘制的标题栏和标尺等所有图形对象以标尺底部为基点,移动到 AutoCAD 世界坐标系的(0,10)处,目的是使图中标尺底部(纵断面图的坐标原点)的坐标与 Excel 表中计算的坐标一致,可直接输入各点坐标来绘制地面点。

（五）绘制地面线

将“dimian”层置为当前层,使用多段线命令 pline 绘制地面线。

（六）绘制设计线

将“sheji”层置为当前层,使用多段线命令 pline 绘制设计线。设计数据如图 11-11 所示。操作步骤与绘制地面线类似,绘制竖曲线采用“相切,相切,半径”的方法,分别与变坡点两侧的设计线相切,最后对圆做修剪。

图 11-11　竖曲线设计数据

（七）绘制竖曲线标志符号

在设计线图层中,用 line 命令绘制各竖曲线标志符号。

注意:符号中部的竖线的横坐标就是竖曲线变坡点里程,符号的水平线两端的横坐标应分别是竖曲线的起点里程和终点里程。为使图形美观,各竖线标志符号应大致在同一个高度。

（八）绘纵断面图中的相关线

用直线命令过地面点、变坡点绘制垂直线至资料表的顶部线。在“直线与曲线”栏中,依据路线设计中线各主点的里程绘制。按设计数据,用 pline 命令绘制坡度与距离线。

（九）标注文字

执行“单行文字标注”命令,对大小、方向相同的文字标注,可用鼠标点击适当的位置,输入完一处文字,再点击下一处位置,输入文字。一次 Text 命令,可连续多次输入文字,直到退出命令。不同高度、不同方向的文字需重新输入 Text 命令,重新设置文字高度和文字方向,再进行文字输入,直到将图中所有文字标注完毕。

绘制完成的道路纵断面图如图 11-8 所示。

■ 任务三　道路横断面图的绘制

道路中线的法线方向剖面图称为横断面图,其作用是表达路线各中心桩处路基横断面的形状和横向地面高低起伏状况,绘图比例尺一般采用1:100 或 1:200。

道路横断面数据一般采用如表11-2 所示的格式,以中桩为中心,左右两侧,记录各侧相邻地形特征点之间的平距与高差。分数的分子表示高差,分母表示平距。高差为正表示上坡,高差为负表示下坡。根据这些数据绘制出各里程横断面图,再根据设计要求,画出路基断面设计线,得到一系列的路基横断面图,以此来计算道路的土石方量和作为路基施工的依据。

表 11-2　路线横断面测量数据

左			桩号	右			
…			…	…			
$\dfrac{-0.4}{10.4}$	$\dfrac{-1.7}{8.2}$	$\dfrac{-1.6}{6.0}$	K1+120	$\dfrac{+0.8}{2.4}$	$\dfrac{+1.5}{2.9}$	$\dfrac{0}{3.9}$	$\dfrac{+0.4}{10.5}$
…			…	…			

下面以表11-2 的测量数据为例,绘制桩号为 K1+120 处的道路横断面的地面线,比例尺为1:100,单位设置同"路线平面图的绘制"。

一、绘中线桩

用 line 命令画一条平行于 Y 轴方向的竖线,作为横断面的中心桩,线型选择点画线。

二、绘地面线

用 pline 多段线命令,使用相对直角坐标输入,绘制地面线。

(一)绘制左侧地面线部分

命令:_pline

指定起点:(拾取中心桩线上的一点)

当前线宽为 0.0000

指定下一个点或 [圆弧(A)/半宽(H)/长度(L)/放弃(U)/宽度(W)]:@ -6.0,-1.6

指定下一点或 [圆弧(A)/闭合(C)/半宽(H)/长度(L)/放弃(U)/宽度(W)]:@ -8.2,-1.7

指定下一点或 [圆弧(A)/闭合(C)/半宽(H)/长度(L)/放弃(U)/宽度(W)]:@ -10.4,-0.4

指定下一点或 [圆弧(A)/闭合(C)/半宽(H)/长度(L)/放弃(U)/宽度(W)]:(结束)

(二)绘制右侧地面线部分

命令:_pline

指定起点:(拾取中心桩线左侧地面线的起始点)

当前线宽为 0.0000

指定下一个点或[圆弧(A)/半宽(H)/长度(L)/放弃(U)/宽度(W)]：@2.4,0.8

指定下一点或[圆弧(A)/闭合(C)/半宽(H)/长度(L)/放弃(U)/宽度(W)]：@2.9,1.5

指定下一点或[圆弧(A)/闭合(C)/半宽(H)/长度(L)/放弃(U)/宽度(W)]：@3.9,0

指定下一点或[圆弧(A)/闭合(C)/半宽(H)/长度(L)/放弃(U)/宽度(W)]：@10.5,0.4

指定下一点或[圆弧(A)/闭合(C)/半宽(H)/长度(L)/放弃(U)/宽度(W)]：

三、缩放图形

前述在图形单位设值时,设置的是一个图形单位代表 1 mm,上面输入坐标时,平距 6.0 m 时输入的是 6.0,很显然,绘出的图的比例就是 1:1 000。而断面图要求的绘图比例是 1:100,所以要对上面绘出的图进行缩放,比例因子为 10,即将图放大 10 倍。

四、标注文字

横断面图中的文字标注内容很少,仅标注中心桩的桩号。

完成 K1 + 120 处的横断面图的绘制,如图 11-12 所示。

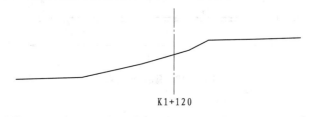

K1+120

图 11-12　K1 + 120 处的横断面图

采用上述方法,可继续绘出其他桩号的横断面图,在同一张图纸内绘制的路基横断面图,应按里程桩号顺序排列,从图纸的左下方开始,先由下而上,再自左向右排列。

任务四　图幅与图框

一、图幅

图幅是指图纸的幅面大小,即指图纸本身的大小规格。图框是图纸上表示绘图范围的边线。每项工程都会有一整套的图纸,为便于装订批、保存和合理使用图纸,国家对图纸幅面进行了规定,见表 11-3。表中尺寸代号如图 11-13 所示。

根据需要,图纸幅面的长边可以加长,但短边不得加长。长边加长的尺寸应符合有关规定,长边加长时,图幅 A0、A2、A4 应为 150 mm 的整倍数;图幅 A1、A3 应为 210 mm 的整倍数。

二、图框

按国家有关标准,每个项目统一绘制图框。如无特别要求则采用图 11-14 所示图框。

表 11-3　图幅及图框尺寸　　　　　　　　　　　　　　　（单位:mm）

尺寸代号	图幅				
	A0	A1	A2	A3	A4
$b \times l$	841 × 1 189	594 × 841	420 × 594	297 × 420	210 × 297
a	35	35	35	35	25
c	10	10	10	10	10

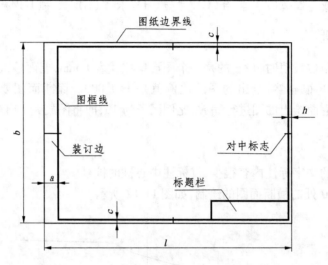

图 11-13　图幅与图框

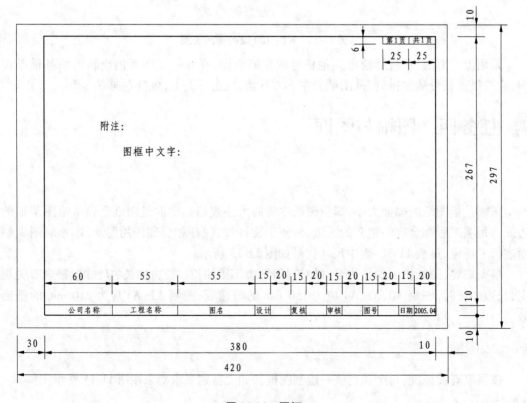

图 11-14　图框

图框内右下角绘图纸标题栏,国标规定的格式有三种,如图 11-15 所示。

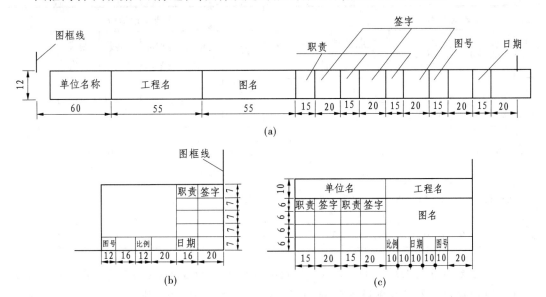

图 11-15 图纸标题栏

在道路路线平面图、道路路线纵断面图、路基横断面上,需要绘制角标。角标应布置在图框内右上角,如图 11-16 所示。

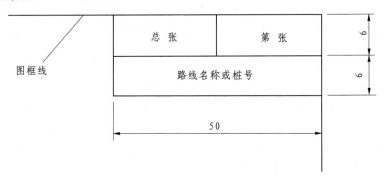

图 11-16 角标

■ 小 结

本项目主要介绍道路路线工程图的绘制,主要包括路线平面图、路线纵断面图和横断面图。路线工程图是线路测量的一项重要测绘成果,熟练绘制路线工程图是测绘人员必备的专业技能。

■ 典型实例

1.根据表 11-4 所给的数据,按 1:2 000 的比例尺绘制路线平面图。

表 11-4　直线、曲线及转角

交点号	交点坐标		交点桩号	转角值	曲线要素值(m)					
	N(X)	E(Y)			半径	缓和曲线长度	缓和曲线参数	切线长度	曲线长度	外矢距
1	2	3	4	5	6	7	8	9	10	11
JD1	37 000.23	69 157.91	K0 + 510.32							
JD2	36 914.27	69 061.13	K0 + 639.76	67°32′44.1″(Z)	187.16			125.16	220.64	38
JD3	36 651.89	69 152.28	K0 + 887.84	65°26′53.7″(Y)	150	90	116.2	142.69	261.34	31
JD4	36 543.69	69 039.09	K1 + 020.38							

2. 根据表 11-5 所给的竖曲线数据、表 11-6 所给的平曲线数据,按 1∶2 000 的横向比例尺、1∶200 的纵向比例尺绘制路线纵断面图。该图是总计 51 幅图的第 21 幅,图号为 S3 - 2 - 21,请给该纵断面图加 A3 图幅大小的图框。

表 11-5　竖曲线数据

桩号	地面高程	变坡点设计高	竖曲线设计半径
K12 + 512.57	188.21	188.15	
530	188.11		
547.57	188.09		
566.47	188.00		
585.37	188.09		
600.00	188.12		
620.37	188.23	188.68	2 500
650.00	186.76		
700.00	186.12		
736.81	184.89		
750.00	183.82		
754.31	183.68		
771.81	183.65		
800.00	183.60		
806.81	180.71		
838.00	180.29		
850.00	177.47		

续表 11-5

桩号	地面高程	变坡点设计高	竖曲线设计半径
860.00	177.07		
865.00	175.10		
880.00	176.23		
900.00	178.83	179.43	2 000
950.00	178.57		
975.00	178.40		
986.00	178.75		
K13 +000	180.03		
50.00	180.61	180.98	8 000
100.00	180.46		
124.10	180.38		
137.00	180.32		
150.00	180.40	181.13	

表 11-6　平曲线数据

交点名	转角值	直缓点桩号	曲中点桩号	缓直点桩号	圆曲线半径(m)	缓和曲线长度(m)
JD31	50°42′00″(Z)	K12 +566.47	K12 +620.37	K12 +674.27	80	35
JD32	37°56′24″(Z)	K12 +754.31	K12 +806.81	K12 +859.31	110	35

3. 根据表 11-7 所给的数据,按 1:200 的比例尺分别绘制桩号为 K1 +300 和 K1 +350 处的横断面图。

表 11-7　路线横断面测量数据

左侧			桩号	右侧			
$\dfrac{-0.6}{11.0}$	$\dfrac{-1.8}{8.5}$	$\dfrac{-1.6}{6.0}$	K1 +300	$\dfrac{+1.5}{4.6}$	$\dfrac{+0.9}{4.4}$	$\dfrac{+1.1}{5.0}$	$\dfrac{+0.5}{10.0}$
$\dfrac{-0.5}{7.8}$	$\dfrac{-1.2}{4.2}$	$\dfrac{-0.8}{6.0}$	K1 +350	$\dfrac{+0.7}{7.2}$	$\dfrac{+1.1}{4.8}$	$\dfrac{-0.4}{7.0}$	$\dfrac{+0.9}{6.5}$

■ 复习思考题

1. 线路平面图的图示内容有哪些?

2. 道路纵断面图中都包含哪些内容?

3. 如何选择道路纵断面图比例尺?

4. 图幅的种类有哪些?

项目十二　图形打印与输出

用户绘制完成设计图后,通常需要在打印机上输出图形,这也是绘图工作中很重要的组成部分之一。用户不仅可以将绘制好的图形通过布局或者模型空间直接打印,还可以将信息传递给其他的应用程序。

任务一　打印设置

一、创建打印布局

布局是一种图纸空间环境,它模拟图纸页面,提供直观的打印设置。在布局中可以创建并放置视口对象,还可以添加标题栏或其他几何图形。可以在图形中创建多个布局以显示不同视图,每个布局可以包含不同的打印比例和图纸尺寸。布局显示的图形与图纸页面上打印出来的图形完全一样。

(一)模型空间与图纸空间

前面各个项目中所有的内容都是在模型空间中进行的,模型空间是一个三维空间,主要用于几何模型的构建。而在对几何模型进行打印输出时,则通常在图纸空间中完成。图纸空间就像一张图纸,打印之前可以在上面排放图形。图纸空间用于创建最终的打印布局,而不用于绘图或设计工作。

在 AutoCAD 中,图纸空间是以布局的形式来使用的。一个图形文件可包含多个布局,每个布局代表一张单独的打印输出图纸。在绘图区域底部选择"布局"选项卡,就能查看相应的布局。选择"布局"选项卡,就可以进入相应的图纸空间环境。在图纸空间中,用户可随时选择"模型"选项卡(或在命令窗口输入 model)来返回模型空间,也可以在当前布局中创建浮动视口来访问模型空间。浮动视口相当于模型空间中的视图对象,用户可以在浮动视口中处理模型空间的对象。在模型空间中的所有修改都将反映到所有图纸空间视口中。

(二)创建布局

建立新图形时,AutoCAD 2018 会自动建立一个"模型"选项卡和两个"布局"选项卡。其中,"模型"选项卡用来在模型空间中建立和编辑图形,该选项卡不能删除,也不能重命名;"布局"选项卡用来编辑打印图形的图纸,其个数没有限制,且可以重命名,如图 12-1 所示。

创建布局有三种方法:新建布局、使用布局样板、利用布局向导。

1. 新建布局创建

在"布局"选项卡上单击鼠标右键,在弹出的快捷菜单中选择"新建布局",系统会自动添加"布局 3"的布局。

2. 使用布局样板创建

操作如下:

图 12-1　模型和布局空间

（1）菜单栏"插入"→"布局"→"来自样板的布局"，系统弹出如图 12-2 所示的"从文件选择样板"对话框，在该对话框中选择适当的图形文件样板，单击"打开(O)"按钮。

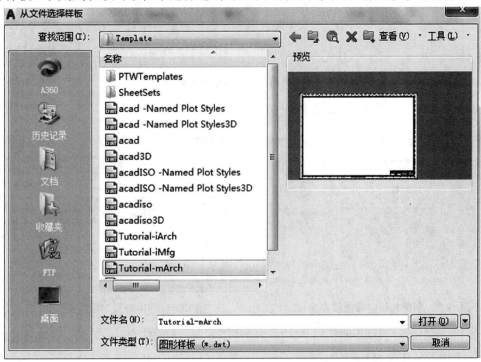

图 12-2　"从文件选择样板"对话框

（2）系统弹出如图 12-3 所示的"插入布局"对话框，在布局名称下选择适当的布局，单击"确定"按钮，插入该布局。

3.利用布局向导创建

（1）菜单栏"插入"→"布局"→"创建布局向导"，系统弹出如图 12-4 所示的对话框，在对话框中输入新布局名称，单击"下一步(N)"。

（2）在弹出的对话框（见图 12-5）中，选择打印机，单击"下一步(N)"，弹出如图 12-6 所示对话框，

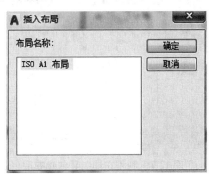

图 12-3　"插入布局"对话框

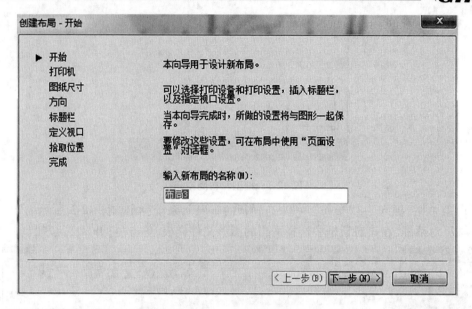

图 12-4　利用布局向导创建布局(一)

在此对话框中选择图纸尺寸、图形单位,单击"下一步(N)"。

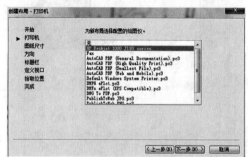

图 12-5　利用布局向导创建布局(二)

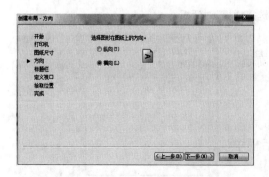

图 12-7　利用布局向导创建布局(四)

(3)在弹出的对话框(见图 12-7)中,指定打印方向,并单击"下一步(N)"。在弹出的对话框(见图 12-8)中选择标题栏,单击"下一步(N)"。

图 12-6　利用布局向导创建布局(三)

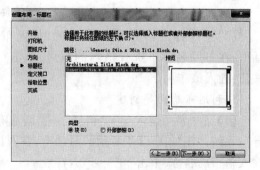

图 12-8　利用布局向导创建布局(五)

(4)在弹出的对话框(见图 12-9)中,定义打印的视口与视口比例,单击"下一步(N)",

并指定视口配置的角点,如图 12-10 所示,完成创建布局,如图 12-11 所示。

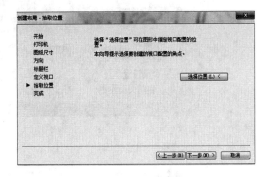

图 12-9 利用布局向导创建布局(六) 图 12-10 利用布局向导创建布局(七)

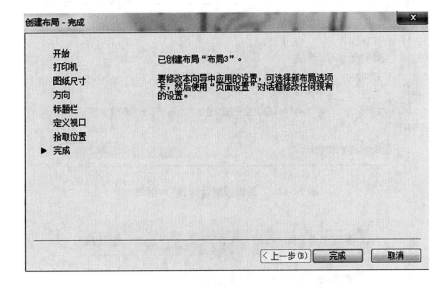

图 12-11 利用布局向导创建布局(八)

二、页面设置

通过创建布局打印时,需对布局的页面进行设置。选择"文件"→"页面设置管理器"选项,将打开"页面设置管理器"对话框,如图 12-12 所示。在该对话框中,单击"新建(N)…"按钮,可以打开"新建页面设置"对话框,如图 12-13 所示,可以输入新建页面的名称、页面的基础样式等,单击"确定(O)"按钮将打开"页面设置 – 模型"对话框,如图 12-14 所示,可对页面进行详细设置。如对现有页面进行修改,可在"页面设置管理器"对话框中单击"修改(M)..."按钮,可在"页面设置"对话框中对现有的页面进行详细的修改和设置。

若用已设置好的图形页面设置,还可以在"页面设置管理器"中单击"输入(I)..."按钮,便可以打开"从文件中选择页面设置"对话框,从中选择页面设置方案的图形文件,设置参数后单击"打开"按钮,并在打开的"输入页面设置"对话框中选择页面设置方案即可。

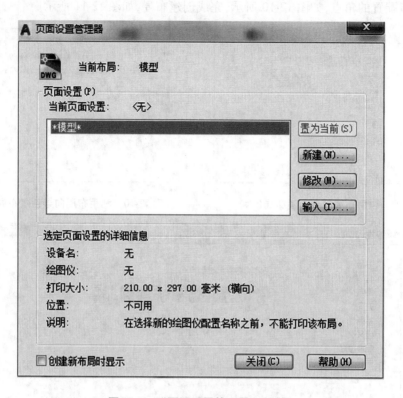

图 12-12　"页面设置管理器"对话框

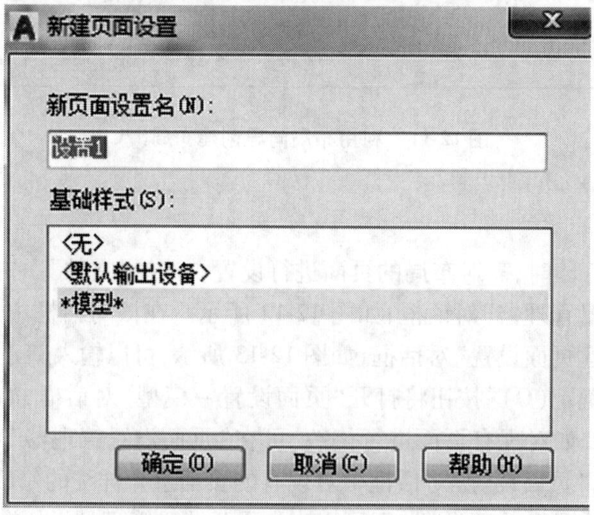

图 12-13　"新建页面设置"对话框

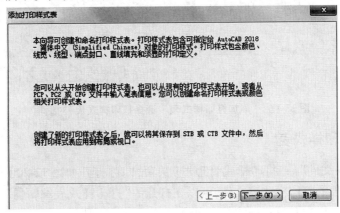

图 12-14　"页面设置－模型"对话框

任务二　打印出图

一、添加打印样式表

在打印输出图形前,为了满足当前图形打印的效果,可以添加打印样式表。方法如下:

选择菜单栏"工具"→"向导"→"添加打印样式表",即可打开"添加打印样式表"对话框,如图 12-15 所示。单击"下一步(N)"按钮,将打开"添加打印样式表－开始"对话框,在该对话框中可选择样式表使用方式,如要新建样式表,可选中"创建新打印样式表(S)"单选按钮,如图 12-16 所示。在该对话框中点击"下一步(N)"按钮,在打开的图 12-17 所示对话

图 12-15　"添加打印样式表"对话框

框中,如果选择"颜色相关打印样式表(C)",将创建颜色相关打印样式表,如果选中"命名打印样式表(M)",将创建命名打印样式表。单击"下一步(N)"按钮,将打开"添加打印样式表 – 文件名"对话框,在该对话框中输入创建的新打印样式表的文件名,如图 12-18 所示。单击"下一步(N)"按钮,将打开"添加打印样式表 – 完成"对话框,如图 12-19 所示。在该对话框中点击"完成(F)"按钮,即可完成添加打印样式表的创建。

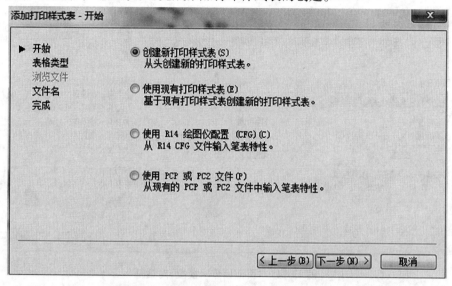

图 12-16 "添加打印样式表 – 开始"对话框

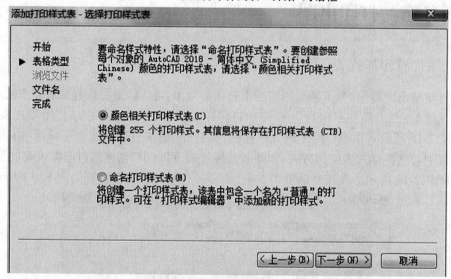

图 12-17 "添加打印样式表 – 选择打印样式表"对话框

二、管理打印样式表

选择菜单栏"文件"→"打印样式管理器"选项,即可打开如图 12-20 所示的窗口,在该窗口中双击新添加的打印样式表文件,可以在打开的"打印样式表编辑器"对话框中进行打印颜色、线宽、打印样式和填充样式等参数设置,如图 12-21 所示。

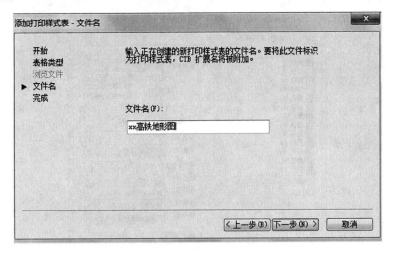

图 12-18　"添加打印样式表 – 文件名"对话框

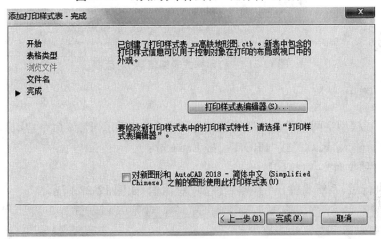

图 12-19　"添加打印样式表 – 完成"对话框

图 12-20　AutoCAD 2018 支持的打印样式

图 12-21 "打印样式表编辑器"对话框

三、打印输出

用户可以在模型空间中或任一布局调用打印命令来打印图形,该命令常用调用方式如下:
(1) 命令行输入"PLOT"或"PRINT",按 Enter 键;
(2) 菜单栏"文件"→"打印"。
该命令执行后,系统将弹出"打印 - 模型"对话框,如图 12-22 所示。

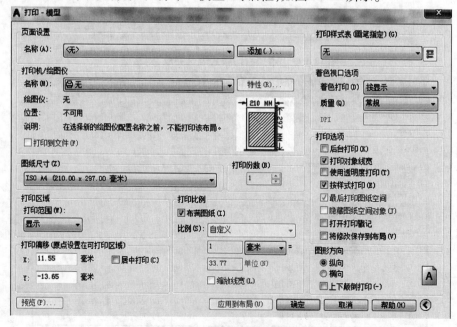

图 12-22 "打印 - 模型"对话框

（1）"页面设置"。该选项可以选择和添加页面设置。在"名称"下拉列表框中可选择打印设置，并能够随时保存、命名和恢复"打印"及"页面设置"对话框中的所有设置。单击"添加(.)…"按钮，可以打开"添加页面设置"对话框，并能从中进行新的页面设置。

（2）打印机/绘图仪。在"名称(M)"中选取所需打印设备。启用"打印到文件(F)"复选框，可以将选定的布局发送到打印文件，而不是发送到打印机。用户需指定打印文件名和打印文件存储的路径。缺省的打印文件名为图形及选项卡名，用连字符分开；缺省的位置为图形文件所在的目录。

（3）打印份数。可以在"打印份数(B)"文本框中设置每次打印图样的份数。

（4）打印样式表(画笔指定)(G)。在下拉列表框中选择新建的打印样式表或所需的打印样式表，还可以通过点击右边的 ▤ 按钮对打印颜色、线宽、打印样式和填充样式等参数进行设置。

（5）预览。在打印输出之前，一般都需要对要打印的图形进行打印预览，以此检验输出设置是否满足要求。单击"预览(P)…"按钮，系统将打开"打印预览"界面，在该界面中可以利用左上角的按钮或快捷菜单进行图样的打印、移动、缩放和退出预览界面等操作。

（6）一切设置满足要求后，在"打印"对话框中单击"确定"按钮，或者在打印预览后，选择菜单中的"打印"选项，系统将输出图形，如果输出时出现错误或要中断打印，可按 Esc 键，结束图形的输出。

■ 小　结

本项目首先介绍 AutoCAD 2018 中的模型空间和图纸空间的概念、作用和相互关系，并讲述了如何在图形空间中利用布局来进行打印设置，主要包括布局的创建及其打印设置。

本项目还介绍了 AutoCAD 2018 中打印机的设置方法，打印样式的概念、定义和使用，打印样式表和打印样式管理器的作用以及在模型空间和布局空间中打印图纸的方法。

■ 典型实例

将××地形图以 PDF 的格式打印输出。要求：纸张幅面为 A3，横向，可打印区域页边距设置为 0，打印比例为 1:1，单色打印。

操作流程提示：

（1）创建新布局。

打开打印素材文件××地形图.dwg。在"布局"选项卡上单击鼠标右键，在弹出的快捷菜单中选择"新建布局"，系统会自动添加"布局3"的布局。在布局3选项卡上再右击，选择"重命名"，把布局名称重命名为××地形图。

（2）页面设置。

选择"文件"→"页面设置管理器"，将打开"页面设置管理器"对话框，在该对话框中单击"新建"按钮，可以打开"新建页面设置"对话框，可以输入新建页面的名称××地形图，单击"确定"按钮将打开"页面设置 – ××地形图"对话框，在该对话框中根据打印要求对页面进行详细设置，如图 12-23 所示。

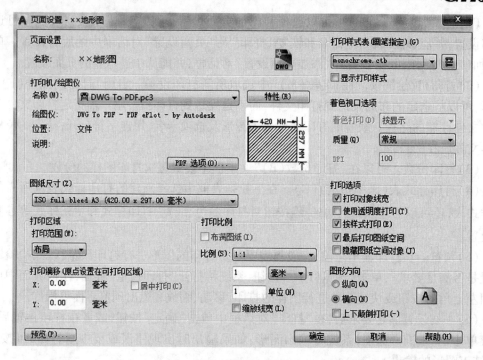

图 12-23   "页面设置 - ××地形图"对话框

（3）打印预览。

单击"预览(P)…"按钮，系统将打开"打印预览"界面，如图 12-24 所示。在该界面中可以利用左上角的按钮或快捷菜单进行图样的打印、移动、缩放和退出预览界面等操作。

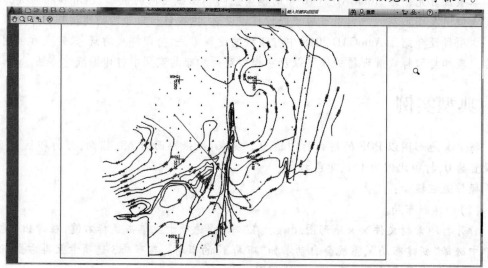

图 12-24   "打印预览"界面

（4）打印输出。

打印预览后，符合打印图形的要求，即可点击"文件"→"打印"，系统弹出"打印-××地形图"对话框，选择页面设置的名称××地形图，如图 12-25 所示。点击"确定"按钮，弹出"浏览打印文件"界面，如图 12-26 所示，在这个界面中输入要打印的文件名和存储路径。

点击"保存(S)"即可进行图形的输出。

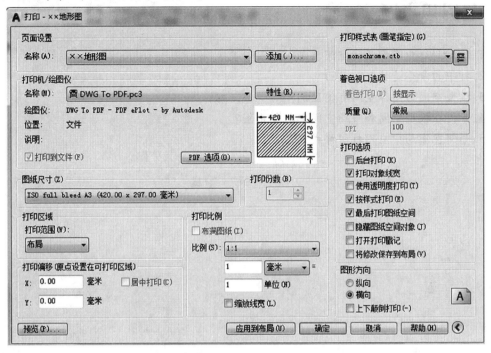

图 12-25　"打印－××地形图"对话框

图 12-26　"浏览打印文件"界面

■ 复习思考题

1. AutoCAD 中有哪两种空间类型？

2. 打印的命令是什么？

3. 模型空间与图样空间有何区别？

4. 如何在模型空间和布局空间中打印出图？

5. 如何在布局中应用打印样式表？

附　录

■ 附录 1　常用 CAD 命令及缩写

附表 1

序号	命令	缩写	命令说明
1	LINE	L	画线
2	XLINE	XL	参照线
3	MLINE	ML	多线
4	PLINE	PL	多段线
5	POLYGON	POL	多边形
6	RECTANG	REC	绘制矩形
7	ARC	A	画弧
8	CIRCLE	C	画圆
9	SPLINE	SPL	曲线
10	ELLIPSE	EL	椭圆
11	INSERT	I	插入图块
12	BLOCK	B	定义图块
13	POINT	PO	画点
14	HATCH	H	填充实体
15	REGION	REG	面域
16	MTEXT	MT, T	多行文字
17	ERASE	E	删除实体
18	COPY	CO, CP	复制实体
19	MIRROR	MI	镜像
20	OFFSET	O	偏移
21	ARRAY	AR	阵列
22	MOVE	M	移动
23	ROTATE	RO	旋转
24	SCALE	SC	缩放

续附表 1

序号	命令	缩写	命令说明
25	STRECCTCH	S	拉伸
26	LENGTHEN	LEN	拉长
27	TRIM	TR	修剪
28	EXTEND	EX	延伸
29	BREACK	BR	打断
30	CHAMFER	CHA	倒角
31	FILLET	F	圆角
32	EXPLODE	X	分解
33	LIMITS		图形界限
34	WBLOCK	W	创建外部图块
35	DIMLINEAR	DLI	线性标注
36	DIMCONTINUE	DCO	连续标注
37	DIMBASELINE	DBA	基线标注
38	DIMALIGNED	DAL	对齐标注
39	DIMRADIUS	DRA	半径标注
40	DIMDIAMETER	DDI	直径标注
41	DIMANGULAR	DAN	角度标注
42	TOLERANCE	TOL	公差
43	DIMCENTER	DCE	圆心标注
44	QLEADER	LE	引线标注
45	QDIM		快速标注
46	DIMTEDIT		标注编辑
47	DIMEDIT		标注编辑
48	DIMSTYLE	D	标注样式
49	HATCH	H	图案填充
50	HATCHEDIT	HE	图案填充编辑
51	PEDIT	PE	编辑多段线
52	SPLINEDIT	SPE	编辑曲线
53	MLEDIT		编辑多线
54	ATTEDIT	ATE	编辑参照
55	DDEDIT	ED	编辑文字

续附表 1

序号	命令	缩写	命令说明
56	LAYER	LA	图层管理
57	MATCHPROP	MA	属性复制
58	PROPERTIES	CH，MO	属性编辑
59	NEW	Ctrl + N	新建文件
60	OPEN	Ctrl + O	打开文件
61	SAVE	Ctrl + S	保存文件
62	UNDO	U	撤回
63	PAN	P	平移
64	ZOOM	Z	缩放
65	DIST	DI	计算距离
66	PRINT	Ctrl + P	打印预览
67	MEASURE	ME	定距等分
68	DIVIDE	DIV	定数等分

附录 2　CAD 常用功能键

F1：帮助，打开帮助界面；

F2：在命令窗口中显示展开的命令历史记录；

F3：对象捕捉的打开与关闭；

F4：三维对象捕捉的打开与关闭；

F5：等轴测平面切换；

F6：动态 UCS 的打开与关闭；

F7：栅格的显示与关闭；

F8：正交模式的打开与关闭；

F9：栅格捕捉模式的打开与关闭；

F10：极轴的打开与关闭；

F11：对象捕捉追踪的打开与关闭。

附录 3　CAD 常用快捷键

ALT + TK：快速选择；

ALT + NL：线性标注；

ALT + VV4：快速创建四个视口；

ALT + MUP：提取轮廓；

Ctrl + B：栅格捕捉模式的打开与关闭（F9）；

Ctrl + C：将选择的对象复制到剪切板上；

Ctrl + F：对象捕捉的打开与关闭（F3）；

Ctrl + G：栅格的显示与关闭（F7）；

Ctrl + J：重复执行上一步命令；

Ctrl + K：超级链接；

Ctrl + N：新建图形文件；

Ctrl + M：打开选项对话框；

Ctrl + O：打开图形文件；

Ctrl + P：打开打印对话框；

Ctrl + S：保存文件；

Ctrl + U：极轴的打开与关闭（F10）；

Ctrl + V：粘贴剪贴板上的内容；

Ctrl + W：对象捕捉追踪的打开与关闭（F11）；

Ctrl + X：剪切所选择的内容；

Ctrl + Y：重做；

Ctrl + Z：取消前一步的操作；

Ctrl + 1：打开特性对话框；

Ctrl + 2：打开图形资源管理器；

Ctrl + 3：打开工具选项板；

Ctrl + 6：打开图像数据原子；

Ctrl + 8 或 QC：快速计算器；

A：绘圆弧；

B：定义块；

C：画圆；

D：尺寸资源管理器；

E：删除；

F：倒圆角；

G：对相组合；

H：填充；

I：插入；

J：对接；

S：拉伸；

T：多行文本输入；

W：定义块并保存到硬盘中；

L：直线；

M：移动；

X：炸开；

V：设置当前坐标；

U:恢复上一次操作；

O:偏移；

P:移动；

Z:缩放。

附录4　常用覆盖对象捕捉模式命令

附表2

序号	名称	命令关键字	功能
1	临时追踪点	TT	创建对象捕捉所使用的临时点
2	捕捉自	FROM	从临时建立的基点偏移
3	端点	END	捕捉到相关对象的端点
4	中点	MID	捕捉到相关对象的中点
5	交点	INT	捕捉到相关对象之间的交点
6	外观交点	APP	捕捉到两个相关对象的投影交点
7	延长线	EXT	捕捉到相关对象的延长线上的点
8	圆心	CEN	捕捉到相关对象的圆心
9	象限点	QUA	捕捉到位于圆、椭圆或圆弧上的 0°、90°、180°和270°处的点
10	切点	TAN	捕捉到相关对象上与最后生成的一个点 连接形成相切离光标最近的点
11	垂足	PER	捕捉到相关对象上或在它们的延长线上，与最后 生成的一个点连线形成正交且离光标最近的点
12	平行线	PAR	捕捉到与指定线平行的线上的点
13	插入点	INS	捕捉相关对象(块、图形、文字或属性)的插入点
14	节点	NOD	捕捉到点
15	最近点	NEA	捕捉到相关对象离拾取点最近的点
16	无捕捉	NON	关闭下一个点的对象捕捉模式

附录5　AutoLISP 程序源代码

;;缓和曲线应用程序代码。

;;输入起止直线、半径、缓和曲线长或设计车速。

;;命令:HH

(defun com_p( )

```lisp
        (setq l    0)
        (command "ucs" "o" (list ( - 0 x1) 0 0))
        (command "pline" (list 0 0 0) "w" "0" ""
          (repeat 1000
            (setq l ( + l (/ Ls 1000))
                  x ( + ( - l (/ ( * l l l l) 40 C C)) (/ ( * l l l l l l l l l) 3456 C C C C))
                  y ( * id__ ( + ( - (/ ( * l l l) 6 C) (/ ( * l l l l l l l) 336 C C C)) (/
( * l l l l l l l l l l l) 42240 C C C C C)))
            ) ; setq
            (command (list x y 0))
          ) ; repaet
        ) ; command
        (setq pt5 (trans (list x y 0) 1 0))
      ) ; com_p
  (defun ll_v()
      (setq V    (getreal "\nGive Velocity:")
            Ls1 ( * V 0. 85)
            Ls2 (/ ( * 0. 0357 V V V) R)
            Ls  (max Ls1 Ls2 (/ R 9))
            Ls  ( * (fix (/ Ls 10)) 10. 0)
      ) ; setq
      (if ( > Ls R) (setq Ls R))
      (ll_d)
    ) ; ll_v
  (defun ll_d()
      (setq os (getvar "osmode"))
      (setvar "osmode" 0)
      (setq C    ( * Ls R)
            q    ( - ( + ( - (/ Ls 2) (/ ( * Ls Ls Ls) 240 R R)) (/ ( * Ls Ls Ls Ls Ls)
34560 R R R R)) (/ ( * Ls Ls Ls Ls Ls Ls Ls) 8386560 R R R R R R))
            pt1 (cdr (assoc 10 (entget (car p1))))
            pt2 (cdr (assoc 11 (entget (car p1))))
            pt10(polar pt1 (angle pt1 pt2) (/ (distance pt1 pt2) 2))
            pt3 (cdr (assoc 10 (entget (car p2))))
            pt4 (cdr (assoc 11 (entget (car p2))))
            pt20(polar pt3 (angle pt3 pt4) (/ (distance pt3 pt4) 2))
            p    ( + ( - (/ ( * Ls Ls) 24 R) (/ ( * Ls Ls Ls Ls) 2688 R R R)) (/ ( * Ls
Ls Ls Ls Ls Ls) 506880 R R R R R))
            jd   (inters pt1 pt2 pt3 pt4 nil)
```

```lisp
      alf1 (angle pt10 jd)
      alf2 (angle pt20 jd)
      alf ( - (angle jd pt20) alf1)
) ;setq
(if (or ( > alf pi) (and ( < alf 0) ( > alf ( - 0 pi)))))
  (progn
    (setq id__ -1)
    (if ( > alf pi) (setq alf ( - ( + pi pi) alf)) (setq alf (abs alf)))
  ) ;progn
  (progn
    (setq id__ 1)
    (if ( < = alf ( - 0 pi)) (setq alf ( + pi pi alf)))
  ) ;progn
) ;if
(setq x0  (/ ( * ( + p R) (sin(/ alf 2.0))) (cos(/ alf 2.0)))
      x1   ( + x0 q)
      Cl   ( + ( *  alf R) Ls)
      E    ( - (/ ( + R p) (cos(/ alf 2))) R)
) ;setq
(command "ucs" "o" jd)
(command "ucs" "z" (/ ( * 180 alf1) pi))
(com_p) (setq pt6 pt5)
(setq ppt1 (list x1 0 0))
(command "ucs" "")
(command "ucs" "o" jd)
(command "ucs" "z" (/ ( * 180 alf2) pi))
(setq id__ ( - 0 id__)) (com_p)
(setq ppt2 (list x1 0 0))
(command "ucs" "")
(if ( > (abs(distance jd pt1)) (abs(distance jd pt2)))
  (setq ptt1 pt1)
  (setq ptt1 pt2)
  ) ;if
(setq ptt2 (polar jd alf1 ( - 0 x1)))
(thh pl ptt1 10)
(thh pl ptt2 11)
(if ( > (abs(distance jd pt3)) (abs(distance jd pt4)))
  (setq ptt3 pt3)
  (setq ptt3 pt4)
```

```
    );if
    (setq ptt4 (polar jd alf2 ( - 0 x1)))
    (thh p2 ptt3 10)
    (thh p2 ptt4 11)
    (if ( = id__ 1) (command "arc" pt5 "e" pt6 "r" R) (command "arc" pt6 "e" pt5
"r" R))
    (setq alfd (angf alf))
    (setvar "osmode" os)
    (command "cmdecho" "1")
    (command "text" pause pause "" (strcat "偏　　　角 = " alfd))
    (command "cmdecho" "0")
    (command "text" ""　(strcat "半　　　径 = " (rtos R 2 2)))
    (command "text" ""　(strcat "切　线　长 = " (rtos x1 2 2)))
    (command "text" ""　(strcat "曲　线　长 = " (rtos Cl 2 2)))
    (command "text" ""　(strcat "外　　　距 = " (rtos E 2 2)))
    (command "text" ""　(strcat "缓和曲线长 = " (rtos Ls 2 2)))
);ll_d


(defun angf (alf)
    (setq alff (angtos alf 1 4)
n 1
kk (strlen alff))
    (repeat kk
      (setq alfn (substr alff n 1))
      (if ( = alfn "d")
        (setq nn n));if
      (setq n ( + n 1))
      );repeat
    (strcat (substr alff 1 ( - nn 1)) "%%" (substr alff nn))
    );angf
(defun c:hh(/ p1 p2 pt1 pt2 pt3 pt4 pt5 pt6 pt10 pt20 id__ R V Ls E p3
            r1 x y l x0 x1 C jd alf alf1 alf2 q p Cl Ls1 Ls2)
    (command "ucs" "")
    (setq p1 nil p2 nil)
    (while ( = p1 nil) (setq p1 (entsel "\n拾取第一条直线:")))
    (redraw (car p1) 3)
    (while ( = p2 nil) (setq p2 (entsel "\n拾取第二条直线:")))
    (redraw (car p2) 3)
    (initget 1)
```

```
    (setq R (getdist "\n 请输入弯道半径   R: "))
    (initget 1 "Ls V")
    (setq p3 (getdist "\n 输入缓和曲线长度(Ls)或[设计速度(V)]: "))
    (if ( = p3 "V") (ll_v) (progn (setq ls p3) (ll_d)))
    (princ)
) ;eline
(defun thh(len pt h)
    (setq en_data (entget (car len))
         old_data (assoc h en_data)
new_data (cons h pt)
en (subst new_data old_data en_data)) ;setq
    (entmod en)
    ) ;thh
```

参 考 文 献

[1] 周宏达. 测绘 CAD[M]. 北京:机械工业出版社,2015.

[2] 刘妮妮. AutoCAD 2010 中文版应用教程[M]. 北京:国防科技大学出版社,2015.

[3] 孔令惠. 测绘 CAD[M]. 武汉:武汉理工大学出版社,2012.

[4] 高永芹. 测绘 CAD[M]. 北京:中国电力出版社,2007.

[5] 李军杰. 测绘工程 CAD[M]. 郑州:黄河水利出版社,2008.

[6] 龙马工作室. AutoCAD 2010 中文版从入门到精通[M]. 北京:人民邮电出版社,2012.

[7] 王军德,刘绍堂. 工程测量(测绘类)[M]. 郑州:黄河水利出版社,2010.

[8] 吕翠花. 测绘工程 CAD[M]. 武汉:武汉大学出版社,2011.

[9] 梁玉宝. 地籍调查与测量[M]. 郑州:黄河水利出版社,2010.

[10] 中华人民共和国国家质量监督检验检疫总局,中国国家标准化管理委员会. 国家基本比例尺地图图式 第 1 部分:1:500 1:1 000 1:2 000 地形图图式:GB/T 20257.1—2017[S]. 北京:中国标准出版社,2017.